室内设计
快题精讲精练

张啸风　著

中国建筑工业出版社

图书在版编目（CIP）数据

室内设计快题精讲精练／张啸风著. —北京：中国建筑工业出版社，2020.10 （2024.2重印）
ISBN 978-7-112-25586-3

Ⅰ. ① 室… Ⅱ. ① 张… Ⅲ. ①室内装饰设计－教学参考资料 Ⅳ. ①TU238.2

中国版本图书馆CIP数据核字（2020）第227258号

责任编辑：唐　旭
文字编辑：陈　畅
版式设计：锋尚设计
责任校对：芦欣甜

室内设计快题精讲精练

张啸风　著

*

中国建筑工业出版社出版、发行（北京海淀三里河路9号）

各地新华书店、建筑书店经销

北京锋尚制版有限公司制版

临西县阅读时光印刷有限公司印刷

*

开本：787毫米×1092毫米　1/12　印张：10　字数：202千字

2020年10月第一版　　2024年2月第二次印刷

定价：145.00元

ISBN 978-7-112-25586-3

（36358）

简介

本书针对快题设计表现技法的能力培养与实战运用展开研究。通过对命题考查核心目的进行深化研究，认识快题设计这一形式的本质，了解快题设计对手绘表达的真正需求，分析总结近年来快题考试的发展变化趋势，明确训练的目的与方向。在涉及广泛的设计表现工具与技法中，选取适合快题形式的门类，深入讲解与研究，帮助读者切实掌握实用技法，同时指明能力积累的训练途径。通过实际案例分析深化，使读者真正具备应对快题设计的良好实战能力。

前言

作为一个高校设计专业的教育工作者，经常被高年级的学生问到："专业基础不太好，如何在短期内提高快题设计能力？"，"听说快题能通过三四个月的强化训练解决，是这样吗？"……

答案与真相，往往令人失望……

快题设计不是一门独立的课程或知识体系，它是一种考查形式，考查内容是综合设计能力，而综合设计能力，显然不可能在短时间内脱胎换骨式的提高。

所以，从严格意义来讲，"迅速提高快题设计能力"本身是一个伪命题。

快题设计中体现出的一切专业能力缺陷与不足，都必须回到相应的专业课程范畴去补足提高：手绘表达能力不足应在设计手绘表现方面着重训练；平、立面图环节有问题应回到设计制图课程内容中补习规范；家具尺度与布置把握不好需多看几遍人体工学的学习资料……

如果三四年来学校专业学习的基础薄弱，又想要短期内大幅度提高快题设计水准，那么恐怕水平再高的老师，采取的方式和思路也大同小异：只好短期内以应试模式进行突击和强化，这样的训练当然有作用，但效果仅限于让你现有的专业能力以最合理的形式最大限度地发挥出来，远远无法抹平人和人之间过于明显的综合专业能力差距。而这种差距体现在快题设计纸面上，任怎样的短期强化和粉饰，在高水平专业人员眼中，都是一目了然。

对寄希望于短期强化训练的应试者来说，另一个不好的消息，是近年高水平院校针对快题考试的诸多调整，都是针对如何甄别并剔除实际专业基础较弱的"速成型"考生。

但如果你对自己的专业水平没有足够信心，也不要因此而失望。如果还有一年左右，那么你还有足够的时间通过合理训练真正从本质上提高能力；如果你尚处于设计专业的低年级，并已经决定以攻读更高学位为专业学习目标，那么更早地认识快题设计这一形式，把各项能力的提高训练在整个专业学习中更合理地安排规划，会让你付出的每一分钟努力都在最后的关键时刻获得最大的回报。

快题设计所涉及的专业层面很多，手绘算不上快题的核心，事实上快题设计里并没有核心，任何专业层面的明显漏洞在快题应试中都是致命的。但手绘能力是连接快题各环节的媒介，不仅快题设计，在所有空间设计课程的学习过程中，设计手绘都以不同形式、在不同层面对设计学习发挥着重要作用，而这一特性，在电脑普及的今天，经常被忽视。

设计手绘的学习，首先需要认识其形式的多样性，它的能力培养远不限于自身表现技法的研究和效果图的表现，更重在其与设计活动的深入结合，在学习中处理好这样的关系，则快题设计里遇到的很多问题，都将迎刃而解。

基于这样的考虑，综合了众多专业学生和应试者的实际需要，虽然水平所限无法做到尽善尽美，笔者还是用心地编写了这本书。书的内容，以快题表现为核心，有技法方面的演示，同时更关注培养能力的切实有效之方法。

希望在快题设计方面，能与大家进行更多的积极交流与探讨。

祝所有人通过更高效的努力，获得更高更好的成绩。

目录

第一章

概念综述

DETAILED EXPLANATION
AND TRAINING OF
INTERIOR SKETCH DESIGN

1.1　快题设计的定义

　　快题设计可理解为命题快速设计，是一种对于综合设计能力的快速考察形式，被广泛应用于高等院校建筑、景观、园林、室内设计等空间设计类专业的研究生入学选拔考试，也多见于设计公司的设计师招聘选拔考试中。

　　快题设计通常具体形式为：在规定时间内（一般为数小时），由考察方给出命题及设计条件，被考察方按照命题要求，完成一套相对完整的设计方案并予以表达，内容一般包括设计说明、部分或全部平、立面图、透视表现图等，表达方式一般要求所有图纸采取手绘形式（图1-1-1）。

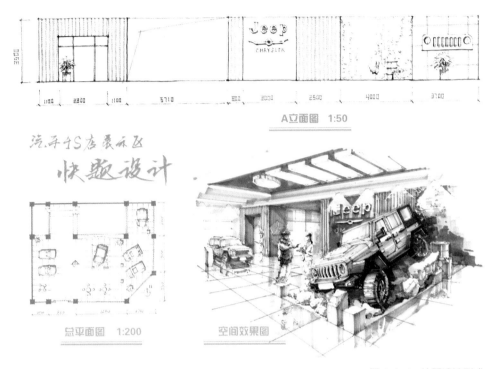

图1-1-1　快题设计形式

1.2　快题与设计

　　快题体现的核心是设计能力，其与设计可视作表达形式与内容的关系。快题设计本身实际是一种针对设计能力的考察形式，由于快题形式能够直观反映出被考察者的空间、结构把握能力及方案表达能力等多种设计基本功的扎实程度，故一直作为主流考核形式在空间设计专业研究生考试及设计公司选拔考试中广泛采用。

　　然而无论是快题设计这一形式，还是其所体现的快速设计能力，其意义都绝不限于选拔考试范畴。快速设计是对整个空间方案设计过程的浓缩，其内容包含方案设计与快速表现两个层面。

1.2.1　方案设计

　　在快题设计考察体系当中，方案设计能力是被考察的核心部分。

　　方案设计涵盖内容层面众多，涉及空间设计学科的整个知识体系。良好的方案设计能力是快题设计的根本基础，其有赖于系统的设计专业学习以及长期的知识与技能积累。

1.2.2　快速表现

　　快题设计中方案设计能力主要通过手绘快速表现来展现。

快速表现是当今设计手绘表现范畴中最常被提及的概念，作为与传统的长期表现图相对的概念，二者区分的根本在于技法、工具及绘制流程的差异。通常来讲，快速表现主要选用诸如铅笔、钢笔、一次性针管笔等常规基础类工具完成线稿，辅以马克笔、彩铅、水彩等操作与携带较为方便的色彩工具着色。线稿部分主要以宏观把控为主，而对工程制图规范以及空间与透视的要求相对较松，着色环节通常以较少的遍数快速完成而不采取逐层反复渲染的技法。

事实上快速表现虽然与绘图时间相关，却没有十分严格的时间点概念，从简洁明快的几根线条组成的手绘草图，到耗时相对较长、较为严谨工整、看上去不那么"快速"的手绘表现图，都可以归为快速表现。就快题应试来讲，其表现图也根据所用时间的不同，有不同程度的深入表现层次（图1-2-1、图1-2-2）。

图1-2-1　一小时内完成的表现图

1.3　快题设计的本质与意义

1.3.1　形式本质

快题设计可视作对空间设计能力的综合性考察，在快题设计中，可体现作者有关空间设计的多方面素养，包括空间结构概念、尺度把握、设计创意、材料与施工知识、手绘表现能力、文案表达水平等，故快题设计可视作方案设计的精简表达形式，可以此对作者设计能力进行较全面审视，其判定标准涉及层面众多。快题设计是以多种设计基本功为基础，重在积累。

1.3.2　考察重点及应用意义

以手绘为表达方式的快题设计在高校研究生考试中被广泛采用，一些设计公司的应聘考试同样选用快题方式而非电脑作图，可见手绘快题的选用并非受制于硬件条件。从考察目的来看，快题考试注重对设计基本功的考察，空间尺度和结构的把握能力是其中的

图1-2-2　两小时内完成的表现图

重点，同时要求设计师将设计方案表达清楚，做到结构清晰，空间尺度感准确。手绘表现相比于软件制图显然对被考察人的要求更高，可获取更直接准确有说服力的考核效果，此为快题设计作为考察手段最主要的应用意义。

1.3.3　快题设计常见误区

快题设计应用初期，曾流行"快题设计即是考手绘"的说法，很长一段时间内，众多业内人士也喜欢将快题设计考试称作"考手绘"，这种观念的形成与早期设计类研究生升学考试的实际情况有关，该时期由于艺术设计类专业的专研人群相对小众化，艺术设计专业研究生的选材面狭窄，而手绘能力最能体现考生最基本专业素养，故在缺乏更大选择余地的前提下被重点关注。

近年由于设计专业研究生报考热度大幅提高，有更多综合专业水平较高的考生参与考试竞争，快题设计考试的评价标准早已从主要关注手绘表现转变为全面综合设计基本功及创造力的考察，手绘表现只是其表达的载体，良好的手绘技巧固然重要，但如果所表达的空间尺度及各种设计要求与规范不能达到理想程度，便不被视作优秀快题设计作业，无法获得高分数。

1.4　当下快题设计评价标准的发展趋势

近年来，全国高等院校空间类设计专业考研热不断升温，作为专业考试序列里的重中之重，快题设计也获得了前所未有的社会关注热度。一些基于快题设计中容易短期见效的"速成"思潮逐渐流行，在实际教学中片面强调手绘环节的部分工具与技法，过于夸大其作用，未能全面把握快题设计这一考察形式，对培训学生很容易造成认识误导，以至在升学考试中无法取得理想成绩。

对于快题设计，应从考察目的本质入手，多层面深入正确理解，避免错误与片面认知。

经历了近二十年左右的不断发展，快题设计评价标准总体发展趋势是从早期重视图面表现效果逐步回归该形式的本质核心目的，即从设计基础及创意等多方面进行衡量，改变趋势具体体现为两个方面：

第一，考试时间的缩短化趋势。

当今主流高水平院校的快题考试时间设定普遍有所缩短，如普通空间设计类专业，以往较主流的多为6小时时限设置，现在许多院校改为4小时甚至更短。时限的缩短伴随着要求的调整，如以往全面的平、立面图纸要求被改为指定的部分重点平、立面，透视效果图的可用时间也相应缩短，给应试者在手绘技法选择上提出了速度上的新要求。

第二，手绘视觉效果在评价体系中的相对弱化。

当今快题考试中，手绘表现层面的要求及评价标准较以往发生了明显变化，对单纯画面视觉效果的重视程度有所减弱，以往多数考生习惯的大量尺规辅助完成线稿、模式化马克笔配色的效果图应对方式，在时间缩短的前提下适应新要求的难度增大。

新的表现评价趋势更注重速度和准确，以及更能体现空间把握力的多视角转换。更徒手化的线稿表现方式配合扎实的速写基本功、更简洁灵活多变的色彩工具使用方式将在今后的快题设计考试中占有更大优势。将快题设计进行各种纯应试的程序化处理，甚至以"背图"方式试图弥补考生空间尺度等基本设计能力环节的不足，此类方式无法适应当今快题设计考试日趋多变的空间与条件设置，也与快题设计的考察重点在指导路线上背道而驰。

正确理解快题设计的本质要求及发展趋势，是提高快题设计能力的前提。当今各院校根据自身选材方向的不同，快题考试评价标准的侧重点体现了不同需求。如建筑类院校的评价标准多重视空间序列关系，常重点考察空间的理性逻辑；美术院校及设计类院校往往重视设计概念。根据自身特点选择合适的院校平台，有针对性地准备和良好的临场发挥，是在快题设计考试中取得理想结果的关键。

第二章

绘图工具

DETAILED EXPLANATION
AND TRAINING OF
INTERIOR SKETCH DESIGN

设计快速手绘表现涉及的工具种类繁多，而快题设计常用的，只是其中的一部分。因为快题设计表现的一般目的是应试，故在工具选择中，趋向于那些常规大众化、易于操作和掌握、便携性高、获取方便的工具。

关系；一些针对特定工具的特种纸张，如各种马克笔专用纸、水彩纸等，因为应试无法自主选择，仅在快题设计训练范畴中感觉没有太大选择意义。

训练中所用纸张，要求并不高，但应避免选择一些冷门纸张，尤其是物理性质特殊的类别，以免长期形成习惯依赖。

2.1 纸张

2.1.1 复印纸

由于快题考试中使用的纸张通常由考试方提供，应试人无法自主选择，故快题设计学习和训练过程中，采用的纸张应尽量普通与大众化，通常来说复印纸已经可以满足训练的一般需求，复印纸常见的厚薄规格有 70g、75g、80g 三种，克数越大纸张越厚、物理性质也越稳定，快题设计训练最常用的复印纸大小规格为 A3，而 A3 的 80g 复印纸有时不易购买，这种情况下 70g 及 75g 规格的也基本能满足一般使用。

普通复印纸对于马克笔和彩铅的承载能力基本可以满足要求，但由于纸张相对较薄，彩铅水溶技法及水彩工具使用易导致纸张变形，应予以注意。复印纸根据品牌型号的不同，表面质感及光滑程度略有不同，但差别不足以影响手绘技巧的发挥。

2.1.2 绘图纸

设计手绘所说的绘图纸泛指一类纸张，这种纸张表面基本光滑，没有明显的凹凸或纹理，比复印纸更厚，手绘常用的厚度克重一般在 120g 到 200g 之间，耐水性优于复印纸，不易变形。

此类纸张质感通常接近素描纸，但表面更平整细腻，是快题考试中试卷纸的最常见类型。绘图纸价格适中，是快题训练用纸的理想选择。

快题设计用纸选择，可只考虑上述两类。一些其他纸张类型，如拷贝纸，广泛用于设计学习过程中，但与快题设计并无太大直接

2.2 铅笔工具

快题设计中的铅笔工具主要用于前期草稿与效果图的辅助线稿，传统艺术及设计专业手绘中经常会提倡使用木质传统铅笔，但从易用性和务实角度考虑，自动铅笔更适合当代快题表现的需求。

自动铅笔推荐使用 0.5 及 0.3 粗细的铅芯，软硬度 HB 到 2B 为宜，注意铅芯的选择尤为重要，尽量购买绘图专用铅芯，选择一线专业设计品牌，如施德楼、辉柏嘉、红环、樱花等，能获得较好的使用体验。

相对铅芯而言，自动铅笔的选择标准相对宽松，只要质量过硬即可。但专业设计品牌的产品经过更精准的专业设计，使用中感受更舒适，很多热门型号，如施德楼 925/935 系列、派通 500 等，价格只在几十元，值得选择。

2.3 墨线笔工具

墨线笔指勾画正式线稿所用的墨水介质的笔类，主要包括针管笔、钢笔、中性笔三类。

2.3.1 针管笔

充水类针管笔不适用于设计手绘表现，无法获取满意笔触效果的同时极容易损坏笔尖。设计手绘表现所用的针管笔为一次性针管

笔（下文中如无特别说明，"针管笔"一律指一次性针管笔），价格从单支三四元到十几元不等（图2-3-1）。

针管笔品牌繁多，最主流的品牌包括威迪、樱花、三菱、施德楼、雄狮、吴竹等，不同品牌之间的使用感受虽略有差异（如三菱与施德楼笔尖较多数品牌稍偏硬），但整体看性能较为统一。

针管笔是设计快速表现的最主流墨线工具，具备几点明显优势：

（1）价格低并易获取，方便配备。

（2）物理性质十分稳定，同品牌同型号之间，通常感受不到笔之间的个体差异。

（3）出墨均匀顺畅，不同用笔角度和力道可控制线条变化。

（4）与尺规配合效果好，一般不会出现其他墨线工具的漏墨污染画面现象。

针管笔的主要短板在于使用寿命有限，笔尖抗磨损能力较低，经常出现墨水容量用尽之前笔尖先磨至无法良好使用的情况。

针管笔工具按照笔尖粗细分为多种型号，一般从0.03至0.9，对于效果表现图墨线稿，以A3左右图面为例，最常用的是0.1、0.2粗细，效果表现图中，主要依靠用笔技巧来实现线条粗细变化，不主张频繁更换笔的型号，较粗型号的笔一般用于平面图的线型粗细区分，有三至四个粗细层次已经足够（如0.1、0.3、0.5、0.7）。考虑笔尖磨损速度，表现图常用型号最好同期准备三至四

支备用，只用于平、立面图绘制的型号，每种留一支备用笔即可。

2.3.2　钢笔

钢笔是设计手绘表现最热门的墨线工具之一，尤其深受一些绘画功底较强的人士喜爱。在优秀的手绘能力之下，钢笔可以表现出更富有张力和艺术感、更富有变化的线条，这是钢笔工具最有别于其他墨线笔的核心优势。

适用于设计手绘的钢笔对下水的流畅度要求较高，一般书写用钢笔难以达到要求，设计手绘中多选用知名品牌的专业绘图钢笔，如凌美、百乐、派通等品牌的一些热门型号。

专业绘图钢笔的价格相对较高，一般区间在几十元到一二百元之间，已经基本可以满足绘图需要。

钢笔工具个体差异较大，即使同品牌同型号，使用感受也可能存在明显差别，所以更换常用钢笔后需要短暂的适应期。

钢笔工具需要注意日常的保养，同时对墨水的选择也直接影响使用效果，应尽量选择大品牌的专业绘图墨水。为保证运笔流畅起见，一般选用水性墨水，如考虑配合水彩类工具使用，可选择专业防水墨水。

钢笔的笔尖常见类型分为普通直尖、美工弯尖、美工平尖等，配合不同技法使用（图2-3-2）。

图2-3-1　一次性针管笔

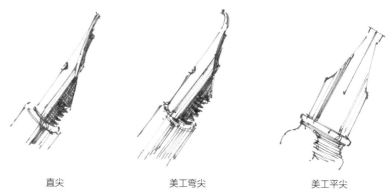

直尖　　　　　美工弯尖　　　　　美工平尖

图2-3-2　钢笔笔尖类型

2.3.3　中性笔类

设计手绘对墨线笔的基本要求是可通过手绘技法，如角度和力度的改变，实现较为丰富的线条变化，早年间的中性笔和圆珠笔类，由于出水流畅度所限，改变用笔角度会频繁出现断线等现象，也不易控制线型粗细，被认为不适合用于设计手绘。

近年来随着产品技术的升级，很多中性笔类的性能获得了大幅度提高，一些著名文具品牌，如得力、白雪等，推出了一系列直液走珠笔类型的产品，出水流畅度较早年产品有了很大改善，基本可以适应设计手绘需要，被专业学生和业内人员广泛使用。

这类产品价格低廉，无需特别养护，也基本不存在针管笔的笔尖短期磨损问题，是最为方便经济的选择。

但需要指出，虽然经过产品升级，但就线条表现力的丰富而言，中性笔类明显不及钢笔工具，也逊于针管笔，但如果对线型变化的要求不高，也不失为设计表现用笔的合适选择。

2.4　马克笔工具

马克笔为当今最主流的设计快速表现色彩工具，其类别按墨水介质不同分为水性马克笔、油性马克笔、酒精马克笔三类（不同类别的特性差异在后文的马克笔技法章节详解）。

当今主流选择为酒精马克笔。

马克笔同品牌的色号繁多，知名品牌一般配有一二百种色型甚至更多。色型的配备数量方面，当然越多的色型持有量可以提供越多的变化和选择，但是对于一般快题设计使用要求而言，45～60色基本可以满足需求。

马克笔有单头与双头之分，笔头最常见的有四种类型（图2-4-1）：平头、三角头、软笔头、小尖头，其中软笔头、小尖头多见于双头马克笔。

马克笔的颜色选择以灰色系为主，纯度高的颜色实际使用中

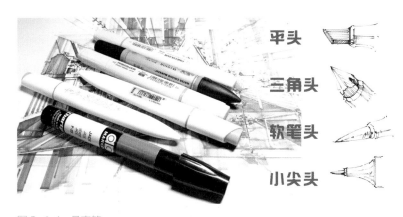

图2-4-1　马克笔

用量相对较小。不同的灰色系，按明度区分每个灰色相序列配备4~5种色号一般可以满足需要，注意中等明度的灰色配置一组相邻色号应对表现中的细微变化，其他色号，对于大品牌色号较多，相邻色号差别较小的情况，采取隔号配置即可（如CG1、CG3、CG4、CG5、CG7）。

当今最主流的酒精马克笔品牌有TOUCH、FINECOLOUR、STA等，其热门型号系列都是流行多年质量稳定的产品，但是知名品牌型号市面上仿制品较多，应注意甄别。

水性马克笔的主流品牌有美辉、温莎牛顿等，目前已经较少被使用；油性马克笔的流行度较早年也有明显下降，但一些经典品牌型号，如Chartpak AD马克笔，由于性能优异，当今仍在业界广受推崇，只是单支价格较高，在二十元左右。

2.5　彩铅工具

彩铅是快题表现中常用的重要工具，可作为主要着色工具使用，也可作为马克笔的辅助工具使用（图2-5-1）。

彩铅工具表达出的色彩效果细腻柔和，色彩间调和性强，可实现丰富变化。设计表现选用的彩铅一般为水溶性彩铅，可通过加水

图 2-5-1 彩铅

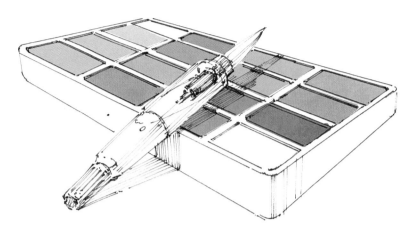

图 2-6-1 固体水彩与自来水笔

获得类似水彩的效果。因为具有调色能力，彩铅的色型配置数量没有必要一味求多，通常 48 色至 72 色可以满足需求。

水溶彩铅的主流品牌包括辉柏嘉、马可、施德楼等，每个品牌的产品又分为不同档次，一般入门级别产品即可满足快题表现常规需要。水溶性彩铅通常盒内会配备一支毛笔可用于蘸水晕染，此外可自行选购搭配储水式纤维毛笔，非常方便。

体水彩可搭配自来水笔（图 2-6-1），携带使用比较方便，品牌选择很多，较高档的有史明克等，普通的包括众多国产品牌，就设计表现要求来看普通产品已经可以满足。

整体而言，颜料类工具的使用在当下快题考试中的使用比重在缩小，如个人在相应绘画能力上有所擅长，可以选用。此外水彩工具适合大面积铺设，可实现细微色彩变化，也可以作为马克笔工具的辅助。

2.6 颜料

设计快速表现的使用颜料比较多样，包括水彩、透明水色、水粉等。当下快题设计中主要应用的是水彩颜料，其中以固体水彩最为常见。固

2.7 橡皮与高光笔

快题设计应选用专业绘图橡皮，主要用于擦除卷面上的铅笔底稿和辅助线，可选用可塑式橡皮，避免留下橡皮屑。高光笔用于效果图的局部

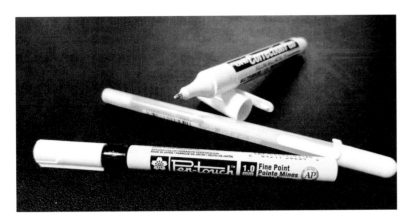

图 2-7-1　高光笔

高光提亮，成分与修正液类似（图 2-7-1）。

2.8　尺规类工具

随着近年来快题考试形式的变化，大型丁字尺的使用较以往有所减少，合适规格的直尺和三角板一般可以适应当代快题考试。带有滚轮的平行尺在快题设计中使用十分方便，推荐选配（图 2-8-1）。

平、立面图中涉及的圆形部分，可通过圆规完成，但使用画圆板更为便捷。

比例尺也是快题设计的必备工具，三棱式和扇面式均可。

尺类选择对品牌和档次无严格要求，准确且方便易用即可。

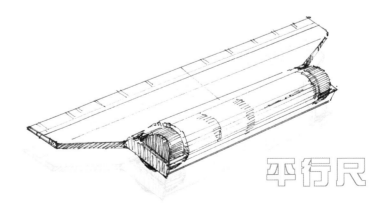

图 2-8-1　平行尺

第三章

方案草图

DETAILED EXPLANATION
AND TRAINING OF
INTERIOR SKETCH DESIGN

方案草图是快题设计中重要的必经步骤，也是现实空间设计项目中所必需的设计活动组成部分。

3.1　方案草图与设计思维

空间设计中，方案设计草图通常指以手绘形式存在的各种方案草稿（图 3-1-1）。设计草图中可以体现设计师对空间与尺度的把握能力、灵活多变的设计思维，因其在手脑结合表达的即时性与高效性方面具有明显优势，在方案设计发挥着不可替代的作用。

优秀的草图能力以良好的空间把握能力及手绘能力为基础。

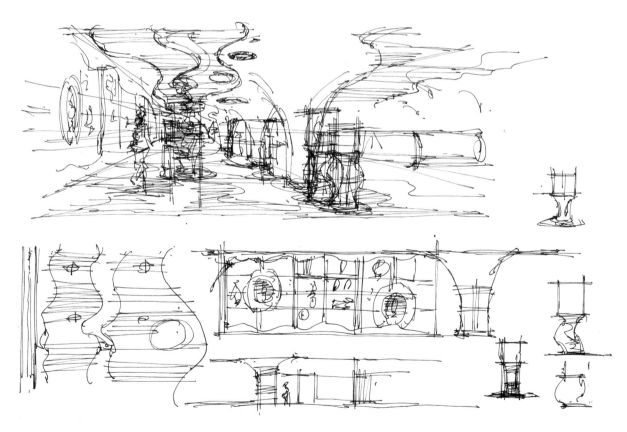

图 3-1-1　方案草图

3.2 草图在设计活动不同阶段的作用与相应形式

在设计过程的不同阶段，其意义及作用也不尽相同。在实际设计项目中，草图运用可大致分为设计师自我表达与交流性表达两大类。

3.2.1 自我表达：设计师的设计构思与推演

最初的方案草图是设计师自我表达的产物，画给自己看而不以向他人展示为目的，线条通常较轻松随意，以个人习惯为主（图3-2-1）。

一般而言，方案设计是从平面草图开始，设计师在获取了相关空间数据和明确设计要求后，会在平面图上开始总的空间功能划分。但对于空间类设计的设计师而言，面对的设计对象是三维空间而非二维平面，所以在平面草图阶段，设计师的潜意识里已经在构筑包含平、立面的完整空间，所以经常平、立面及透视草图同步出现

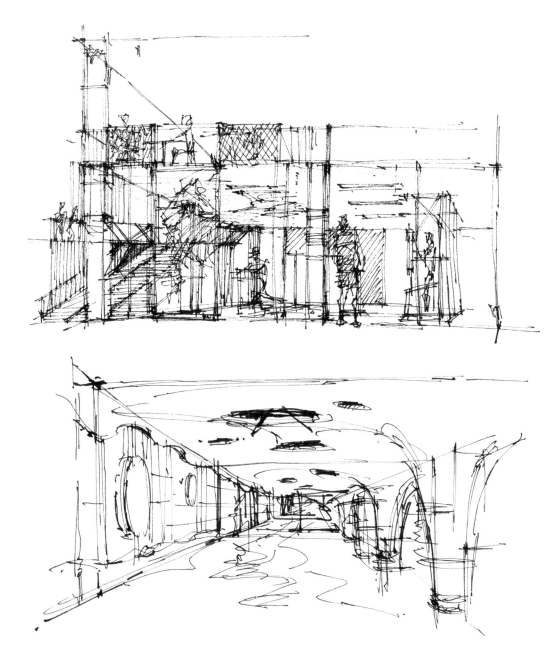

图 3-2-1 方案初期草图

（图 3-2-2），这个阶段的草图重点在于推导和演绎各种空间组合的可能性，从宏观着手而非过多在意具体细节。

初期草图可以没有很清晰的结构细节，透视方面也不须过于严谨要求，尽量以轻松的形式体现对象的内外多角度信息。但尺度上尽量以准确严谨为好，草图上的尺度感是反映设计师经验与能力的重要参考之一，较大的尺度误差会导致对空间的误

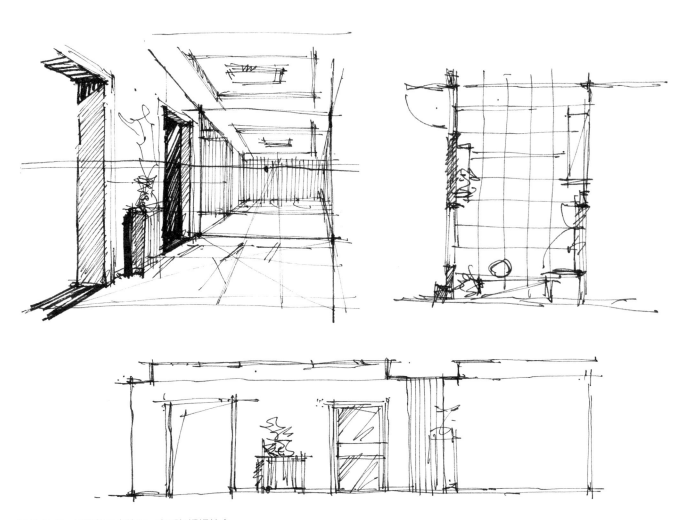

图 3-2-2　初期草图中的平、立面与透视结合

判，给方案造成影响（图3-2-3）。

设计草图是设计师具象化自身设计思维的主要工具，可以及时记录设计理念和信息，可以使每一阶段的设计方案都清楚可见，使得设计师在回顾设计过程时，对整个设计方案的发展有更加全面的掌握。

方案的细化与推导是初期草图的主要任务之一，设计师通过手绘设计草图记载头脑中产生的一个又一个稍纵即逝的思维和灵感片段，并以这些方案草图为基础，一步步将设计深化、细化（图3-2-4）。在这个过程中手绘与思维配合的灵敏度高，手绘方案草图就如同设计者思维的足迹，也似设计方案产生的地基，是否具备较为过硬的手绘能力直接决定了设计师能否准确表达自身的设计思维，没有好的手绘能力通常会令设计方案在萌芽阶段就产生思路上的无以为继。尽管当下软件也正逐步向易用性角度开发与改进，但从与设计思路结合的灵敏度而言，仍然无法与良好的手绘能力相提并论。

早期的设计阶段，设计师的设计思维处于灵活与兴奋的状态，草图中的设计方案也处于大量的变更、反复与自我审视中，此类过程也体现在设计草图上。分析性草图几乎涵盖了所有设计中所涉及的内容，从宏观空间划分到各种平、立、剖面、从大的结构体块到各种细节，以及特定局部的各种视角变化等。

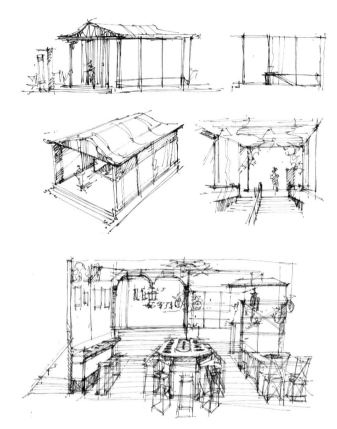

图 3-2-3　草图体现的多角度信息与空间尺度

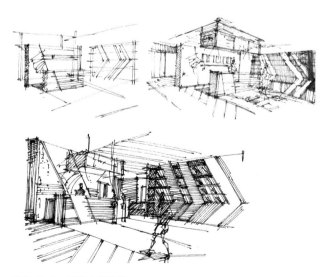

图 3-2-4　草图方案推演

3.2.2 交流性表达：用于向他人展示方案的沟通交流表达

当方案在设计师的早期草图中初步确定之后，需进行设计团队内部沟通，最常见的情况是设计师与作图人员的沟通。成熟的设计公司与团队中，常常包括专门的设计师与制图员，设计师负责出方案而制图员制作深化后的电脑效果图及施工图等，设计师需要向制图员传达方案信息，而清晰明了的手绘草图是最直观高效的方式之一。

此类手稿虽仍属于"草图"范围，但由于需要向他人表达，所以相比方案初始阶段的草图，要求有所提高，在此阶段方案进一步细化，除了将基本的空间结构表达清楚到位，需要制图员制作的细节也应交代清楚，常带有简单的文字或数据说明，表明材质工艺及尺寸（图3-2-5）。团队沟通中好的手绘能力能给设计师提供有力的帮助，切实提高沟通效率；而手绘能力欠缺的设计人员只能通过大量语言解释进行沟通，效率与效果两方面都难以得到保证。

沟通性草图也常用于局部细节变更的表达，具有广泛的使用范围，其使用将手绘的灵活性最大限度地予以发挥。在手绘图可以完全将所需信息表达清楚的情况下，可很大程度减少三维电脑效果图的需求量，从而极大地提高设计工作效率。

沟通性草图除了用于设计团队内部沟通、与施工方的临时性沟通之外，有时也用于和设计委托方的非正式性沟通，如初期意向阶段及方案临时变更。有时也采用草图结合相似材质

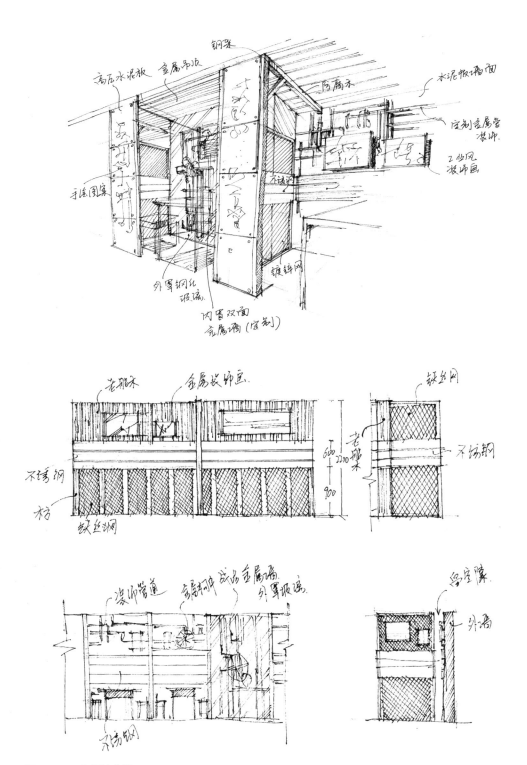

图 3-2-5　沟通性草图

光效照片的形式表达（图3-2-6）。是否使用、需要画到何种具体和精细程度，是由看图方的情况决定：公司和团队内部彼此了解的人员间、专业素质比较高的人员间，对草图质量的要求相对较低；反之，不熟悉的合作人员或非专业人士，对草图严谨度的要求就相对较高。总之，向他人表达的草图，必须考虑到对方的接受程度，在此基础上方可发挥快速手绘表现的快捷性与灵活性。手绘在实际设计项目中的具体使用，除了和方案本身有关，也由设计委托方的要求以及使用的场合或平台决定。但不管实际应用的几率如何，具备扎实的手绘草图能力，是空间类设计师的基本专业素质之一。

图3-2-6 草图结合照片表达

3.3　草图在快题应试中的具体使用

设计草图表现的核心内涵无疑是脑手结合，作为最快捷的设计表现语言，手绘草图可以在最短的时间内将设计构思具象化，其运用带有极大的随意性和灵活性，基本不受工具和场所的限制。通过认识与理解，不难发现，无论快题设计里还是实际设计项目中，草图运用从目的到流程，再到具体表达方式，存在高度的一致性。

用于自我表达层面的前期草图，目的方面快题设计与实际项目完全一致，区别是快题设计中前期草图所用的时间更短，更强调在极短的时间里构建方案的雏形；而最终落实在快题设计卷面上的平、立面以及效果图，又可以视为交流性草图的规范化处理。

从某种意义上说，快题设计表达可视作更加正规化与具体化的设计草图序列，是基于草图设计的深化沟通与表达形式。

在实际快题应试中，正稿之前的草图环节是十分必要的。草图应建立在仔细审题的基础上，以最短的时间构建命题所规定的空间，进行设计概念推演并以平、立面图以及透视效果图形式至少表达出方案概况。以 6 小时的快题考试为例，以 40~60 分钟时间完成从审题到完成草图的工作，时间上是较为合适的。草图虽不出现在最后卷面，但对于最后的快题设计结果却起着至关重要的作用，草图阶段实际是快题设计中的设计阶段，草图之后的正稿阶段可视为快题设计的出图阶段。快题考试考查的重点：空间方案设计能力已经在草图阶段全面体现，故草图反映出设计能力，之后的正稿环节如平、立面图、空间效果图，都基于草图的内容进行，体现的是制图规范与手绘表现能力。清晰明确、表达到位的草图可大大提高之后环节的时间效率，同时增加最终结果的把握性。空间透视草图可用于最终正式效果图的试色。

3.4　草图能力的培养

草图能力首先建立在空间速写训练的基础上，较为准确的空间尺度感觉与结构塑造能力是高效运用草图的先决条件。

草图能力应随着设计能力同步提高，重点是在空间方案设计中的合理运用。任何空间设计方案都应经过充分反复的草图推演过程，这对设计能力的培养有不可替代的重要作用，设计初期过早地电脑介入会限制空间思维能力的发展。让草图真正介入到每个设计方案、每一门方案设计课程，并发挥其应有的主导作用，是草图能力提升的关键，也是设计能力提高的重要基础。

草图的另一重要作用，是作为学习过程中的记录。学习优秀方案的过程中，以草图形式进行简单的摹写与深入分析，是有效深入学习、理解消化他人方案的上佳途径与手段（图 3-4-1）。通过手绘草图，不但可加深印象牢固记忆，还能引发更多关于结构与空间的深入思考，促使学习者更透彻地理解学习方案对象。如只通过看与阅读，即使多遍也很难达到相同的深入效果，手绘草图是极好的设计学习与积累工具。

从绘图技巧角度，草图与效果图表现的手绘表现技巧是同质的，区别只在于速度及严谨程度的控制差异，对设计师而言手绘的积累过程一直伴随其整个职业生涯，需长期坚持不懈，绝无速成捷径。

对于"好的手绘能力有助于提高设计能力"的说法，实际上不够准确与到位，应该说手绘能力本身就是设计能力的重要组成部分，设计人员手绘能力的不断提高，即是设计能力本身得到了不断提高。当前最常见的认识误区是将手绘仅作为一种方案的表现形式来认知，认为手绘和电脑一样都只在方案构思完成后将方案对外表达阶段发挥作用，这种认识一方面忽略了手绘在设计师具体设计过程中与设计思维高度结合的重要特质；另一方面对设计表现本身的理解也陷入单一和片面，未能全面认识到设计表现形式和要求的多元性。正确的认识是解决问题的前提，把对设计手绘的理解从单纯表现范畴的局限中解脱出来，在其与设计的一致性层面达到理解到位，是正确理解设计手绘意义的关键。

而设计草图的理解和运用，又是该层面意义的集中体现。

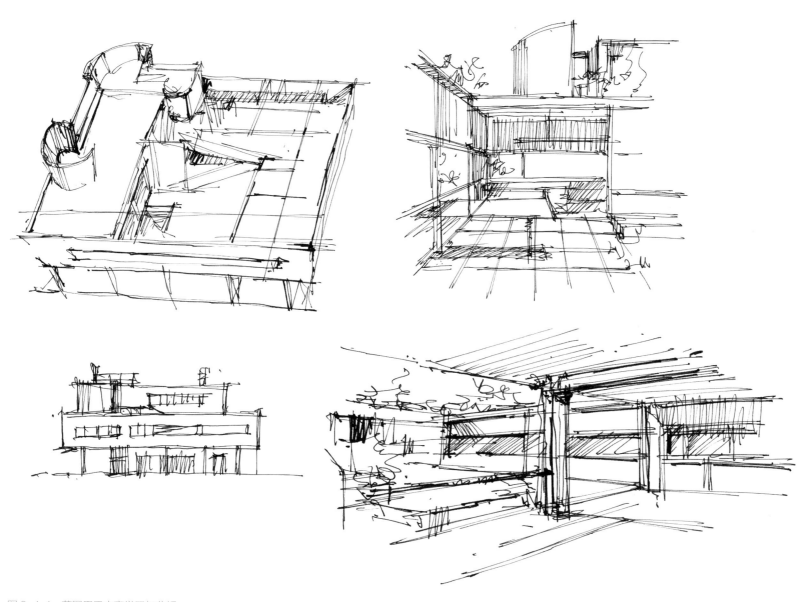

图 3-4-1　草图用于方案学习与分析

第四章

空间表现图线稿

DETAILED EXPLANATION
AND TRAINING OF
INTERIOR SKETCH DESIGN

在快题效果图表现中，常将线稿与着色并列，但实际上线稿是方案手绘表现的最核心环节，重要性远超着色。

从快题的考察目的看，其主要考察方面：对空间的把握、对结构的组织和塑造能力、尺度感的强弱都主要通过表现图线稿体现。以往的高校设计专业考研快题中，很多试卷着色方面非常简单，但线稿清晰准确、表现力强，即可获得很高分数。当然，最理想状态是线稿与着色都具备优秀能力，强调线稿并非否定着色的重要性，但应明确线稿对表现图的主导作用。就能力积累与培养而言，与一些可以短期内入门与上手的着色工具及技法相比，线稿能力有赖于长期训练与积累，无法速成。

快题效果图表现的线稿部分涵盖空间的确立、透视与视角的选择、空间形态结构具体塑造与表达及材质质感区分等关键核心内容。

正式表现图线稿必须严格注意各部分之间的尺度关系，尤其是平、立面图和透视图位置尺度关系方面的吻合与对应。

4.1　透视与视角

人眼观察事物有近大远小的规律，于是产生了透视现象。近大远小也是透视现象的最基础特征。当被观察事物的形状较规则或群体排列位置较有规律时，会呈现不同的透视规律，人们将这种规律分类认识与研究产生了所谓透视分类，最常见的透视类别包括一点透视（或称平行透视）、两点透视（或称成角透视）、三点透视。

4.1.1　一点透视（平行透视）与两点透视（成角透视）

一点透视：

当被观察对象有一个平面与观察者视线方向垂直，或一组被观察对象的排列形态可组成与视线方向垂直的虚拟平面时，与视线方向平行的所有直线边（或排列形成的虚拟边）会在视觉中消失于同一点，而这一点与观察者视点重合，此种透视类别即为一点透视（图4-1-1、图4-1-2），或称平行透视。

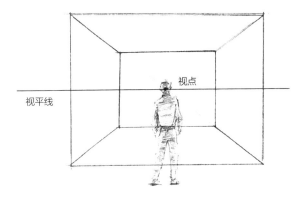

图 4-1-1　一点透视空间位置示意

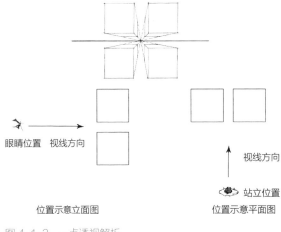

图 4-1-2　一点透视解析

两点透视：

当被观察对象有一条主要直线边与观察者视线方向垂直，或一组被观察对象的排列形态可组成与视线方向垂直的虚拟直线边时，与该直线边垂直的所有直线边（或排列形成的虚拟边）根据各自方向会在视觉中消失于不同点，而这些点均位于视平线上，此种透视类别通常以方体对象举例并认识，方体对象在成角透视中会产生位于视平线的两个灭点，故此类透视一般称为两点透视，又称成角透视（图4-1-3、图4-1-4）。

一点透视及两点透视是快题表现图中最常见的透视类型，一点透视给人严谨庄重的视觉感受，而且普通方正空间里，一点透视通常可以囊括三个立面，有助于更全面整体地体现设计方案。绘图操作方面，一点透视可以直接在画面上确定视点连接辅助线，难度较低，容易掌握。一点透视的表现短板在于容易使空间显得刻板。

相对于一点透视，两点透视可使图面显得更生动，缘于实际空间感受中两点透视视角的获取几率远大于一点透视视角，更符合人对空间的视觉感知习惯。两点透视在方正空间里多数情况只能获取两个立面，对方案表达的信息量少于一点透视，通常用于表达方案中的重点局部，目的性更强，相对于一点透视的稳定，两点透视的取景随着视点的移动变化性很强，如何选择最佳视角实现表达目的，需要更多主观思考和取舍。绘图操作上由于通常无法将两个灭点同时安放在画面内，对绘图经验能力与空间把握力的要求也相对更高。

在快题表现图应用中，透视关系确立的过程中要注意空间进深感觉的真实与合理、透视图与平、立面图的吻合与对应及空间中对象间的位置与尺度关系。下面以一点透视为例，简析快题表现图中透视图的建立步骤。

第一步（图4-1-5）：铅笔起稿，首先按照空间的实际尺度，确立观察点和关键的进深基准面，进深基准面可以是实际墙面，也可以是特定的虚拟面。确定视点和视平线，在图中强调。视平线的高度选择多样，常用的高度有普通身高的人正常站立的平视高度，

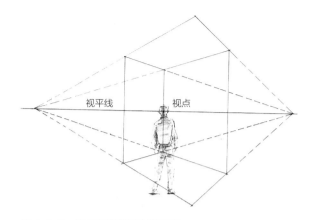

图4-1-3　两点透视空间位置示意

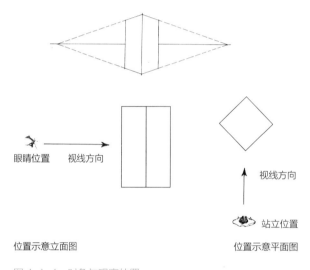

图4-1-4　对象与观察位置

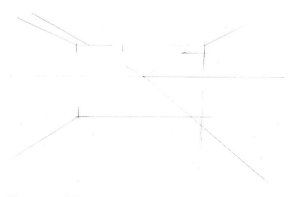

图4-1-5　步骤一

通常在 1500~1700 毫米之间（眼睛离地垂直高度，即图中所示高度），或 1200 毫米左右，近似人坐姿平视的高度，或 800 毫米或略低，此高度为一般桌面高度。三者根据空间及表达目的选取。

第二步（图 4-1-6）：在地面及顶面按照平面图位置安排家具等空间结构对象的投影位置，过程中注意适当的进深感及透视关系。

第三步（图 4-1-7）：在投影位置的基础上建立具体空间对象结构，相同径向高度所形成的面注意反复对比与视平线的高度关系，控制视觉角度，通过连接灭点（一点透视中即视点）确定各主要结构辅助线。

第四步（图 4-1-8）：在第三步的基础上进一步完善空间方案内容。如手绘表现能力较好，有足够把握可简化此步骤，在铅笔稿阶段，可以稍微表达具体细节和空间明暗关系，为钢笔阶段略作参考，增加把握性。

为方便阅读，以上步骤图中线条较重，实际卷面上铅笔辅助线尽量不要太重太实，纸面上厚的铅层会影响钢笔画线，也给后期擦除造成困难，应尽量浅淡，能看出即可（图 4-1-9）。

第五步（图 4-1-10）：钢笔勾线，完成效果图线稿，然后擦除铅笔辅助线。如着色工具选取马克笔（图 4-1-11），钢笔线稿无需将明暗关系塑造得特别到位，只简单表示即可。

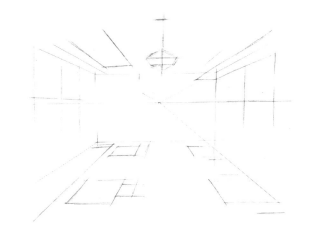

图 4-1-6　步骤二

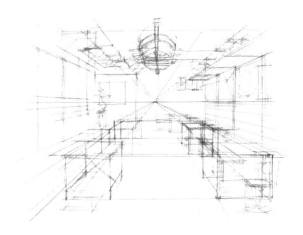

图 4-1-7　步骤三

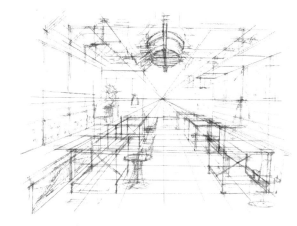

图 4-1-8　步骤四

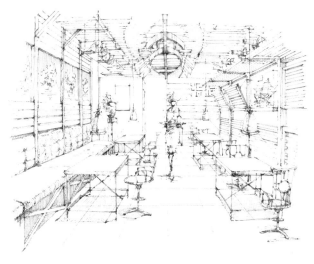

图 4-1-9　实际铅笔草图　　　　　　　　　　　　　　　　　　　　　　　　图 4-1-10　钢笔完成线稿

图 4-1-11　马克笔着色完成

4.1.2 三点透视

三点透视是在两点透视的基础上，视点不动，改变眼睛的位置，使视线与观察对象的所有主要边都不存在平行或垂直关系时，所产生的透视视觉现象。三点透视的理解与应用略为复杂，与以方体为例的两点透视相对照，三点透视在两点透视两个灭点的基础上，产生了第三个灭点，根据观察方向不同，第三灭点可能存在于视点水平线的上方及下方（图4-1-12、图4-1-13）。

虽然理论上只要满足定义条件都会产生三点透视现象，但实际观察中，要呈现较为明显的三点透视效果，需要满足几个条件：（1）被观察对象的体量和形状，一般为较大的或较长的物体。（2）需要有较为合适的观察距离与角度。

如图4-1-14所示，点A代表眼睛位置，两个底面积相同的长方体，由于高度相差较大，较高的方体在视觉中呈现出较明显的三点透视现象，而较低的方体则三点透视趋势并不明显。

由此可见三点透视能否明显呈现的关键因素在于物体两端与眼睛位置的距离差，一般距离差较大三点透视呈现越明显。较大的物体，如纪念碑、高层建筑等在实际生活中通常比较容易获得此类视角；体量较小的物体如果距离眼睛很近，留心观察也能感受到三点透视趋势（图4-1-15）。

同理这种趋势的呈现也会随着观察距离的改变而增强或削弱。如位于100米建筑平台向下看70米的建筑，通常会感觉三点透视趋势很明显；如果观察点升到千米以上，对象在视野中缩小的同时三点透视的趋势也逐渐削弱。

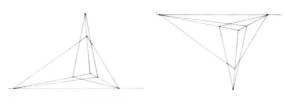

图 4-1-12　三点透视示意

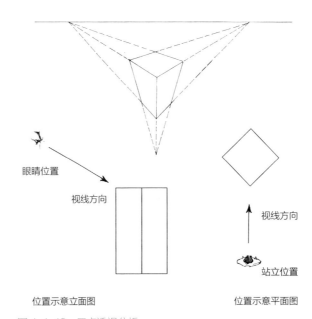

眼睛位置

视线方向

视线方向

站立位置

位置示意立面图

位置示意平面图

图 4-1-13　三点透视分析

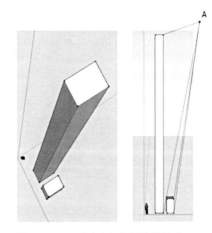

图 4-1-14　观察点与物体位置关系

三点透视在一般室内快题的表现图中较少涉及、较多用于景观和建筑的鸟瞰图、较大空间的室内表现、多层建筑的内部天井俯视视角及空间的分析视角中。

4.1.3　鸟瞰图与分析视角

"鸟瞰图"顾名思义，引申于飞鸟在天空俯视地面的视角。

鸟瞰图的视角是自高处向下观察，在条件符合的情况下视野中会出现较为明显的三点透视趋势，如从飞机刚升空时俯视地面建筑群（图4-1-16）。

由于受径向空间尺度限制，室内快题表现图中典型的鸟瞰图视角并不常用，俯视视角多用于各种分析视角的表现。

根据具体空间的功能体验习惯，表现图中的观察视角可分为"正常视角"与"分析视角"两大类。

正常视角为空间使用者按照空间既定功能正常使用中所获取的视角，如商场中顾客游览购物的一般行为过程里所获得的所有视角，包括平视店面、仰视天花板、倚靠围栏俯视中央天井等多种视角，正常视角的多元组合构成了使用者的完整空间视觉感受。

纪念碑、高层大楼等大型建筑的三点透视视角　　　　近距离观察马克笔所产生的三点透视

图4-1-15　三点透视实例

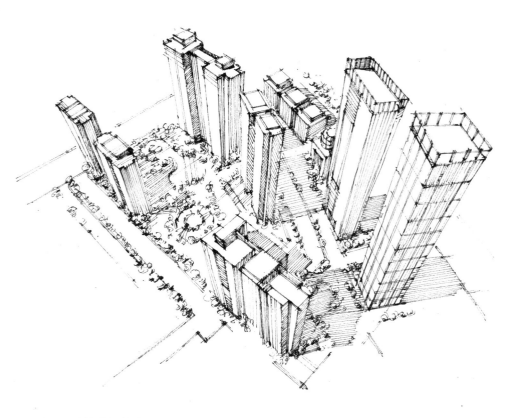

图4-1-16　建筑群鸟瞰视角

分析视角包括两类：其一，空间中理论上无法真实获得的视角，如观察点高过天花板的俯视视角，透明化部分墙体才可获得的整体视角等；其二，一些视角虽现实中可以获得，但超出空间功能定位的正常设定范畴，也属于分析视角，如商场内技术工人维修天花板时所获得的俯视视角，因不属于正常商业购物活动体验，也归于分析视角（图4-1-17）。

分析视角多用于方案的解析与深入表达，可以多角度更清晰地展示方案内容，具有重要意义，经常在快题设计命题中被特别要求，是考察空间把握能力的有效方式之一，应予以重视（图4-1-18）。

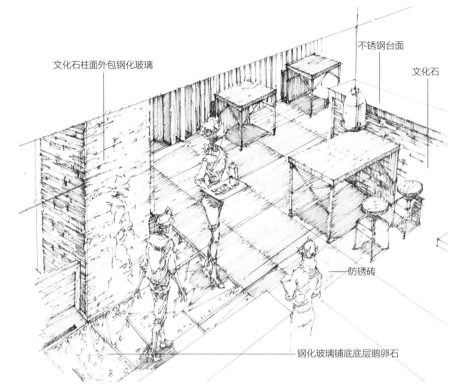

文化石柱面外包钢化玻璃

不锈钢台面

文化石

防锈砖

钢化玻璃铺底层鹅卵石

图4-1-18　鸟瞰图分析视角表现

图4-1-17　俯视分析视角与正常视角实景

分析视角中绘图难度较大的鸟瞰图，常牵扯较复杂的三点透视变化。三点透视鸟瞰图的方法要领在于先建立大的透视框架与中心关键辅助线，并以此为其他细节的透视依据，下面以简单的几何体组合示例说明。

空间内四长方体 A、B、C、D 与两圆柱体 E、F，体量与位置数据如平、立面图所示（图 4-1-19）。如需完成俯视鸟瞰图，首先选择视高和观察角度，结合几何体对象组的整体布局情况，以方体构筑大的透视关系，最高点以最高方体 A 的高度为准，圆柱体方便起见可选择圆心做关键参照点（图 4-1-20）。大的透视方体框架体现的是该组对象的整体空间透视状态，注意根据实际高差控制三点透视的形变程度。

第二步（图 4-1-21），按照连接对角线找中点法找出上下两底面的中点在透视中的位置，连接两点，即得到一条位于透视框架方体正中的关键透视辅助线，该线与方形竖向四条边构成了整个空间的三点透视体系，为之后一切内部结构的刻画提供了透视参考依据。

第三步（图 4-1-22），在底面上确定四个长方体的底面投影位置并画出，在顶面画出最高方体 A 的投影位置，按照辅助线关系调整透视趋势。

第四步（图 4-1-23），按照数据在相应立面上寻找各长方体在透视内对应的高度辅助线，确定各方体空间内高度位置；再在相应位置横向延长辅助线，确定两圆柱顶面圆心位置。

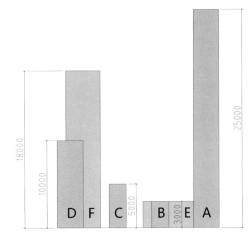
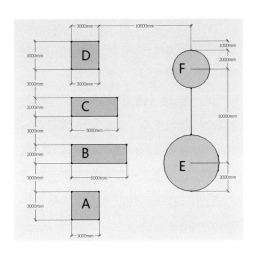

图 4-1-19 示例平、立面图

图 4-1-20 步骤一

图 4-1-21 步骤二

图 4-1-22 步骤三

图 4-1-23 步骤四

第五步（图 4-1-24），借助辅助线，在空间中完成各方体，通过圆心位置与半径数据，确定两圆柱上下底面。

完成阶段（图 4-1-25），连接各条边线，注意实际遮挡关系，完成整个鸟瞰图。

简单几何体示例说明鸟瞰绘图方法，对于更复杂的实际场景，也采取先概括为简单几何形找到大的透视，然后按照大的透视框架确定细节透视方向即可。

4.1.4 视角选择与表达重点

快题表现图中视角的选择通常取决于该幅图所要表达的设计方案内容重点。同样的空间和观察方向，通过改变视点和视平线位置，可以使一些平面或立面的观察角度加大或减小，如偏向左侧的视点可使右侧的立面体现得更充分（图 4-1-26）；同理，偏下的视点和视平线也可使顶面获取更大的观察角度（图 4-1-27）。

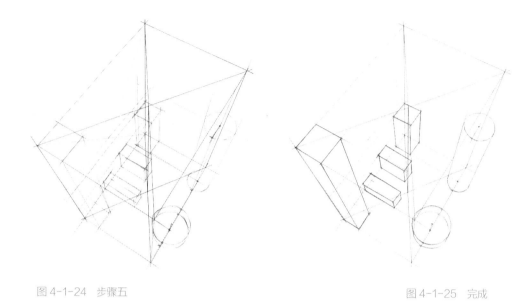

图 4-1-24 步骤五　　　　　　　　　　　图 4-1-25 完成

 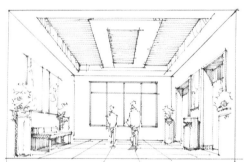

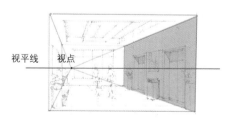

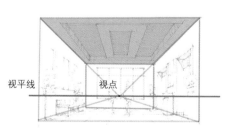

图 4-1-26 视点偏左　　　　　　　　　图 4-1-27 视点偏下

4.1.5 透视应用难点

透视问题在原理方面容易理解，故经常被认为是手绘表现中最简单的基础。然而在真实运用层面，透视变化实际非常复杂，绝不仅仅是简单的"准"与"不准"的问题，亦非画几根直线检查一下就可以解决所有疑难。

透视运用的水平高低，除了基本性的"准确"，还牵扯更考验经验与主观能动性的"度"的把握。

透视中"度"的把握上有两个关键点：一是人眼本身的进深感；二是人眼的视觉范围。

与一些视觉功能强大的动物不同，人眼对视觉的调节能力有限。如果用摄影镜头中的焦距概念类比，人眼的"变焦"能力不强，更类似一个定焦镜头，对相同尺度的空间，人眼的"画面"感受是比较固定的，普通人也通常会通过表现图画面体现出焦距与进深感来判断实际空间的尺度大小，掌握正确的人眼进深感是在手绘图中体现正确空间尺度感的一大关键（图4-1-28）。

当然，手绘表现图的范畴很广，根据不同的表达需要采取有别于人眼的透视构图也是常见现象，如类似广角镜头中把更多的面展开的透视夸张处理方法，可以展示更多的设计信息，是专业内沟通的常用做法，广角夸张的方式可以显得空间更大，被广泛用于各种商业效果图（图4-1-29）。

但对于专业人士与非专业人士沟通的情况，夸张的透视效果容易造成对方对实际空间尺度的误判，需要严格注意并谨慎选择，以免造成不必要的误解。

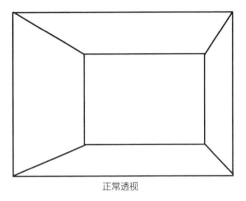 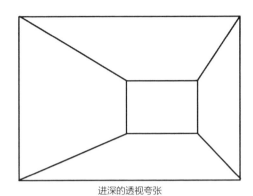

正常透视　　　　　　　　　　进深的透视夸张

图4-1-28　进深的透视夸张

正常透视

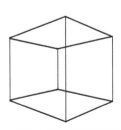

类似广角镜头的透视夸张

图4-1-29　商业效果图中的广角夸张

人的视觉范围也是合理利用透视的关键点之一：

人双眼观察的视觉范围大概只略大于120度，而可获得清晰影像的最佳视觉角度不超过60度。60度以外120度之内的对象，如果不转动眼球改变视点位置，只能感觉到大致的形状与颜色，越接近120度边缘感觉越模糊。所以人在固定观察点上能获取的视觉范围是有限的，把超出视觉范围的区域强行画入图面而又机械地使用简单透视原理画图，就会出现明明用连接灭点法检查没有明显错误，但仍感觉图面很不舒服，这类问题多数情况是忽略人眼视觉范围造成的。表现图目的是表达空间方案，与真实人眼视物有所区别，但也应尽量考虑人眼的生理极限，一般来讲使用简单透视原理画图取景范围以90度左右为宜，尽量不要超过太多。

对视角范围因素的把握程度直接影响到画面的视觉舒适效果，以目前场景表现图中常见的一种透视角度微角透视为例，此种视角俗称"一点斜视"，实际为两点透视的一种，因为视线角度与目标平面近似垂直，比较接近于一点透视的视觉景象，在一些空间中视野里可同时出现三个立面（图4-1-30）。

微角透视理论上归于两点透视，但其兼顾了两点透视与一点透视的长处与优势，在整体全面地体现方案空间的同时，又保持了图面生动性，避免了一点透视的刻板视觉效果，在快题表现中应用广泛（图4-1-31）。

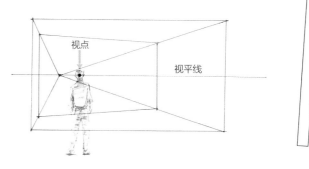 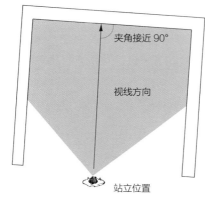

图4-1-30　微角透视位置

图4-1-31　微角透视表现

此类透视的实际运用中应重视"度"的把握，目前常见问题是把视角过于向广角型夸张，此类做法广泛用于空间类商业宣传册，能夸大场所面积感受，但容易造成边缘物体透视明显失真，阅图不适感增强，在考研快题等应试过程中，过于夸大的透视视角也容易被认为绘图者空间尺度感不够准确，在效果图表现中的透视视角运用应注意主观合理控制。

实际设计手绘中超过视觉范围的横向空间较多以两点透视表达，如果需要以一点透视表达，常采取增加灭点的方法获得透视平衡（图4-1-32），大尺度竖向空间如不采取三点透视，也可以此种方式表达。

在设计专业传统科目制图课中，也会对透视做系统的讲解，包括讲授各种制图法来绘制不同的空间透视效果，然而除一点透视的制图做法比较简单明确之外，其他透视制图方法都带有需要主观判断的成分，说到底制图中的透视图做法也只是一些近似法，真实的视觉感受影响因素很多，制图法绘制的透视表现图也无法保证总能符合最真实的视觉效果。

两点透视及三点透视在快速表现应用中，通常是凭感觉"画"而不是用数据"做"。通过大量的实地写生训练，可逐步建立对空间尺度的感觉，从而在手绘中把握好透视合理的"度"。

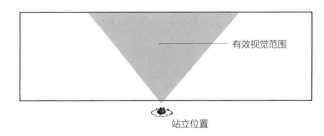

超过视觉范围的空间可采用增加灭点法表达

有效视觉范围

站立位置

图 4-1-32　增加灭点法

4.2 线稿的线型与绘画方式

线型表现物体的结构、空间、材质，是设计手绘表现的基础，是空间设计的基本能力之一。

快速表现中的线型分为两大类：借助尺规工具画的线与徒手画的线，二者各有其特点。

尺规画线具有工整准确的特点（图4-2-1），但尺规用得过多往往显得画面拘谨呆板，同时也会降低画图速度；徒手画线如果功力扎实，画面会显得轻松活泼富有生命力，但徒手画线对绘画者的基本功有更高要求，否则难以保证表现图的准确度（图4-2-2）。在实际运用中，时间允许的情况下，尺规线和徒手线往往结合运用：表现大结构的长直线借助尺子完成，细节表达以徒手线为主，一般会取得较好的视觉效果。但由于设计师的工作场所与条件的多样化，很难保证身边随时有尺规可用，这个时候如果需要绘制简单表现图，全徒手绘图是不可避免的；一些高水平院校的快题考试中，有时也会要求完全徒手画图，因此徒手表现能力应该视为快题设计的必备素质。

线稿的常用工具，以钢笔（普通钢笔与美工钢笔）及绘图笔（一次性针管笔）为主。

图 4-2-1　较多借助直尺辅助的线稿

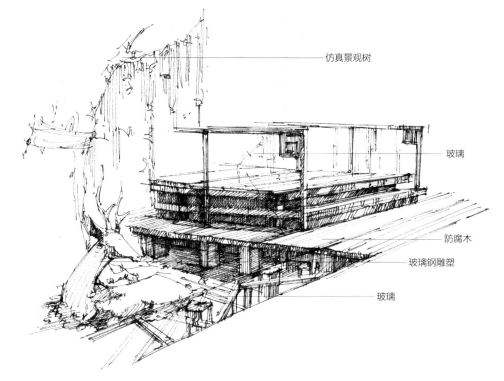

图 4-2-2　纯徒手完成线稿

4.2.1 徒手线条的训练方法

直线:

直线是设计手绘中表达物体的最基本线型，应用十分广泛。直线的画法比较多样，运笔速度、力度、笔尖与纸的角度的差异，都会使直线产生不同的视觉效果。以最常见的一次性针管笔工具为例，直线 A 为笔尖与直面夹角较小的情况下以较快速度画出的直线；直线 B 为同样速度的情况下将笔尖与直面角度加大所画出的直线。直线 C 为直线 B 的角度下放慢速度所画出的直线（图 4-2-3）。

从以上的差别可以看出，直线的效果往往由运笔速度与笔尖角度两个因素决定，其中速度较快的线力度感较强，给人简洁明快的感觉，很适合表达建筑。用线的粗细通过改变笔尖角度可灵活变化，初学者不宜因为担心线画不细而刻意选择过细的笔尖型号，应多加练习掌握各种用笔角度的线条粗细变化。

设计手绘常用的钢笔尖分为普通直笔尖（直尖）和各种特制绘图笔尖与美工笔尖，常见的有弯头美工笔尖（弯尖）和加宽美工笔尖（宽尖），前者较为常见，可选择品牌较多，后者仅凌美等少数品牌出产（详见第二章工具介绍）。

钢笔工具主要通过改变落笔力度和速度调节线条粗细，直尖钢笔反转逆用可画出更细的线型；弯尖通过转动笔尖角度，反复正用逆用交替来画出粗细多变的线条；宽尖主要通过调整笔尖接触直面的角度与状态调整线的粗细。

相较于一次性针管笔同品牌同型号性能输出比较稳定的特点，钢笔个体之间使用感受差别较大，通常更换新钢笔需要少许适应时间，弯尖和宽尖两大类美工尖也包含多种型号，其较特殊的使用方式也需要一定时间去学习研究掌握。

作为两种最常用的线稿工具，一次性针管笔与钢笔各具特点：一次性针管笔单价较低、个体间差异小性能稳定、使用携带方便、对养护要求极低，但较易消耗，笔尖磨损较快并会因此影响绘制线条质量；钢笔工具达到手绘要求的通常对流畅度等方面要求较高，高品质的手绘钢笔价格较贵，并且使用中需要进行必要养护，但钢笔笔尖相较针管笔耐用度高，养护得当可长期保持理想的出线状态，并且钢笔在线条的张力和顿挫感方面具有一定优势，为一些绘画功底较高的设计人士所喜爱。总而言之两种工具都是设计手绘适用的理想工具，选择主要看个人的习惯和喜好，并无高低之分，两种工具的差异也不足以影响设计手绘的表现品质。现实设计活动中根据工作场景和条件的不同，很多非专业工具如各种中性笔也被经常性使用，设计表现并不拘泥于工具的使用。

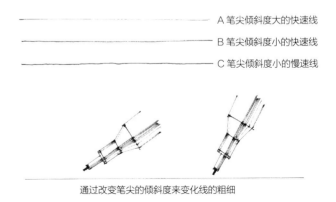

A 笔尖倾斜度大的快速线

B 笔尖倾斜度小的快速线

C 笔尖倾斜度小的慢速线

通过改变笔尖的倾斜度来变化线的粗细

图 4-2-3　笔尖角度及快慢变化

不同类型的线稿用笔，对线条的表现原则规律基本一致。快速直线的训练方法为任意两点间的连线练习（图4-2-4）：设定任意位置关系的两点 A 与 B，从 A 点起笔以较快的速度将线画至 B 点。训练要诀：两点位置的设定尽量多样化，练习过程中不要通过转动纸张去适应手最熟悉的方向，练习徒手向不同方向画线的能力（实际考试中多为A2以上图纸，转动不便）；落笔前先观察好两点的位置，可以尝试画之前先在笔尖不碰纸面的情况下虚划一下，让手部相关肌肉获得短时间内的"记忆"，可有效提高准确率；从落笔到收笔的短暂时间内要做到大胆肯定、干净利落，切忌在运笔过程中存有杂念。较短的直线利用手腕部的转动完成，较长的直线应保持腕关节至手指不动，利用肘关节的摆动完成（图4-2-5）。训练初期线条可能有所偏差，如线不够直，没有准确连到点上，都是正常现象，需要通过反复训练才能达到较好的效果。

快直线较为考验绘画者的手上功夫，相比而言，慢直线虽然在很多情况下表达效果逊于快速直线，但绘制难度相对较低，容易上手与掌握。慢速直线的训练同样可以借助任意两点间连线的训练方法，但运笔要领与快速直线有所差别：慢速直线的运笔过程中讲究稳定，由于运笔时间相对较长，故更需要过程中的精神及情绪稳定，切忌急躁，运笔过程中注意保持均匀的速度和力度，慢直线常出现线体抖动形态，属正常现象，抖动幅度因人而异，线条总体保持直线状态，细部的波状抖动通常不影响表现效果，呈"小曲大直"，抖动幅度根据个人习惯，尽量自然，无必要刻意追求抖动效果（图4-2-6）。

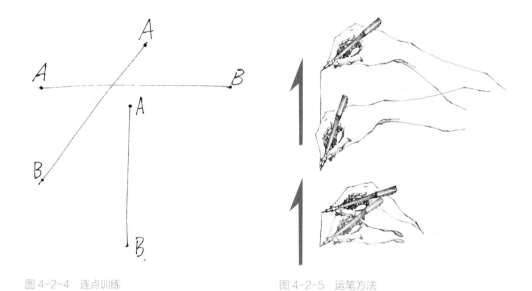

图 4-2-4　连点训练　　　　　　　　　　图 4-2-5　运笔方法

图 4-2-6　慢线对结构的表达

弧线:

手绘表现中的弧线分为长弧线和短弧线，短弧线结合各种复合线，常用于表达植物等软性元素。徒手弧线训练可通过设定两个端点和弧顶最高点的三点法练习，也可通过画椭圆练习（图4-2-7）。

长弧线一般用于建筑的圆形或弧形外形以及室内空间中的各种圆柱体及波浪造型等（图4-2-8）。长弧线在条件允许的情况下可使用曲线板等工具辅助完成，徒手绘制难度较高，较快用笔可更好表达出弧线的弹性及硬度，需要较多的练习才能掌握。

复合线:

直线和弧线是线条的两种基本元素，其多种重复与组合方式构成了各种复合线，如锯齿线、波浪线等。各种复合线适合表现不同的对象，但对于复合线的运用不宜拘泥于成法和教条，应视具体情况灵活运用（图4-2-9）。

图 4-2-7　徒手短弧线

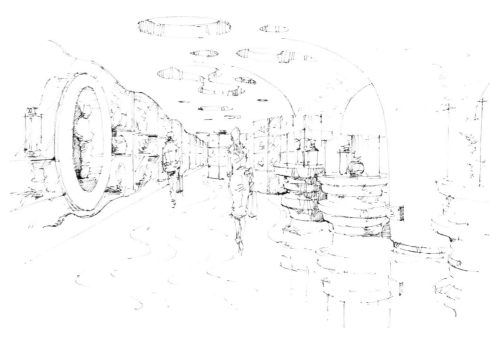

图 4-2-9　复合线

图 4-2-8　徒手长弧线在空间表现的运用

4.2.2 线稿对结构与明暗关系的表达

线条作为手绘的基本元素，可以在二维的纸面上表达空间与立体结构等三维信息，借助不同的线条组合与变化，表达物体的明暗关系（图4-2-10）。

以线条表达物体的结构，通常以直线"切形"来完成，线与线之间的衔接关系需明确，两线相交可略微出头，不影响表现效果；若实际相交的两结构线出现绘画中不相交，则感觉结构交代不到位，模棱两可（图4-2-11）。

手绘线稿中的暗面通常用线条的有序排列来表达，较平整的建筑暗面通常采用直排线，注意线之间的距离均匀，可利用线的排列密度来区别暗面和灰面，也可通过调整笔尖角度来画出粗细不同的排线，从而在视觉上区分暗度。

排线的技巧也可通过专项训练来提高，简单的方法可以任意画出平面图形进行排线填充训练，也可与立体造型能力同步训练，即先画出几何体然后在特定的面上做暗面或灰面排线。

排线过程中注意线条应画到位，如果无法做到完美切合边线，宁愿稍微"出格"也尽量不要出现画不到位，暗面中边缘部分的不合理"留白"会对整体黑白关系造成较明显的负面影响（图4-2-12）。

设计手绘中暗部及阴影部分一般以较规则的排线表达黑白关系，而非随意信笔"涂鸦"，较规则的排线给人良好的秩序感，不同的排线类型可表达不同的明暗关系与质感，以下列举几种常见的排线类型（图4-2-13、图4-2-14）。

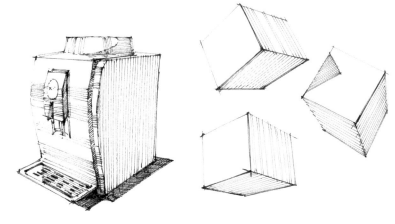

图4-2-10 线稿塑造结构与明暗

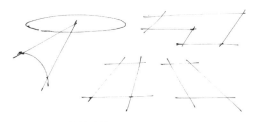

图4-2-11 线的连接

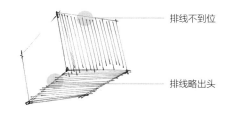

排线不到位

排线略出头

图4-2-12 暗部排线

横向水平排线

竖向水平排线

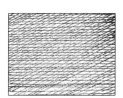

斜向交叉排线

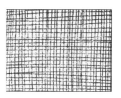

正向交叉排线

图4-2-13 线型示例1

短直线不定向排线

短弧线不定向排线

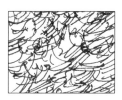

柔性线不规则排线

图4-2-14 线型示例2

横向水平排线与竖向水平排线最为常见，多用于表达较平整光滑的阴暗面；斜向交叉排线是在前两者基础上加入斜向的线，通常表达更暗一层的黑白关系；正向交叉线由基本垂直的两组直排线构成，与斜向交叉排线相比会感觉暗面的光滑度略低。

短直线不定向排线由多组短排线组成，多用于表达纹理粗糙或不平整的暗面；短弧线不定向排线与柔性不规则排线一般用于表达软性物体的暗面，如植物、织物等。物体暗面的处理方式多样，排线形式也不限于以上几种，应根据实际情况灵活运用。

对于结构相对复杂的物体，如各种植物等，把握其明暗关系应先将复杂形体在头脑中概括为简单几何形或几何形的组合，帮助理解。刻画细部的明暗关系时始终注意整体的关系把握（图4-2-15）。

线稿的明暗关系不仅通过暗部排线表达，轮廓线的不同处理也是表达明暗关系的重要技巧：通常处于亮部的轮廓线用笔较细，速度感强，有时出现飞线及断线；处于暗部和明暗交界线处的结构线通常较粗，有时出现用笔反复强调。线条的用笔区分在示意对象明暗关系的同时可增加线稿的生动性（图4-2-16、图4-2-17）。

图4-2-15　复杂结构概括为几何形理解

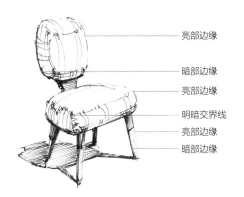

亮部边缘
暗部边缘
亮部边缘
明暗交界线
亮部边缘
暗部边缘

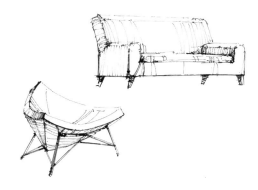

图4-2-16　钢笔用线对明暗各部分的不同处理　　图4-2-17　线条明暗区分示例

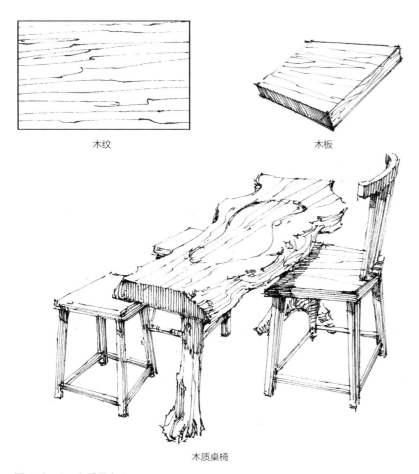

木纹

木板

木质桌椅

图 4-2-18　木质示意 1

4.2.3　线稿层面对质感的表现

设计表现中，各种材质之间的差别，也能在很大程度上通过线条来表达。线条表现区分材质的重点在于强化认识不同材质的可视物理差别，如材质软硬度、肌理、纹路、反光度等，并基于差异区别处理。

木材质的表达：

设计手绘中要表达的木材质主要包括形状规则的木质材料及树木。形状规则的木质材料，其表达主要通过以线型模拟木质的特殊纹路来实现，对于粗加工的木质板材，不用尺徒手表达可获得更真实生动的效果（图 4-2-18），对于木质板材，线稿层面可适度表达其表面木纹（图 4-2-19）。

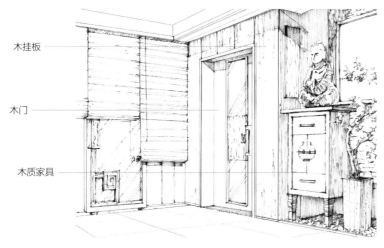

木挂板

木门

木质家具

图 4-2-19　木质示意 2

石材质的表达：

石材质包含的类别较多，范围较广，也可分为形状规则的石材与天然石或人工仿天然石（如室内景观石，图4-2-20）两类加以区别。天然石材及部分石材粗加工对象，表达中要充分利用线的顿挫感来体现石材的硬质感觉，较不规则的排线可表达粗糙的表面（图4-2-21）。

通常混凝土、各种砖、硅藻泥等人工材质在手绘表现中也归于石材类学习与比较，故手绘表现中石材的表达方式非常多样。

经人工打磨抛光的石材，表面光滑，对光线有不同程度的反射，具有亮光材质的特点。如光滑的大理石，本身有比较独特的纹理，兼具较强的高光和反光特性，在表现中适度加入斜向的快速直线会在视觉上增加抛光效果。

另外需要注意的是，这类材质具有反射周围物体的特性，在手绘表现中也应当有所体现（图4-2-22）。光面石材反射效果在快题表现中多通过色彩工具表达，在后文色彩工具部分另作详解。

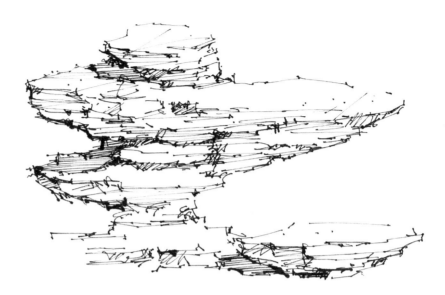

图4-2-20　室内景观石表达

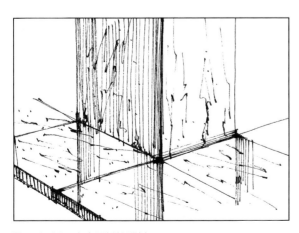

图4-2-22　高光石材的反射

图4-2-21　天然石及石灯笼

织物、皮革类软质材质的表达：

织物类在空间中属于软性元素，一般状态下表达以曲线及复合线为主。需要注意的是织物类表达用线原则并非一味求"软"，应考虑表达对象的具体状态。如悬挂的窗帘及桌布下垂部分受重力的悬垂感、各种布褶的处理等，偏硬与更富弹性的线条可表达布料的厚重感（图4-2-23）。

各种头枕、靠枕与各种软包类对象，由于内部填充物的膨胀，表面呈不同程度的丰盈感，以较有张力的线条表达可获得生动的效果（图4-2-24）。

室内环境多数织物类物品表现反光度低，属亚光材质，偶有高反光材质如丝绸及皮革等。

单靠线稿表达高光软性材质的技法较繁琐，对素描功底的要求也较高，故在快题设计中，高光丝绸或皮革类的光感效果一般主要通过色彩工具在着色环节表达，线稿部分只表达对象的结构和明暗关系即可（图4-2-25）。

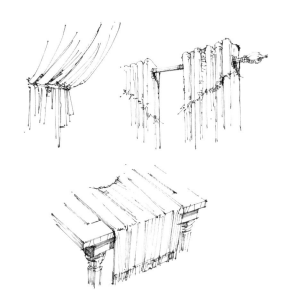

图4-2-23　窗帘与桌布

图4 2-24　靠枕、枕头　　　　图4-2-25　皮质沙发

总而言之，线型对材质的表达可起到重要作用，在一幅完整的快题空间表现图当中不同材质间应体现灵活的用线变化，过于单一的线型手法易使画面呆板僵硬（图4-2-26、图4-2-27）。

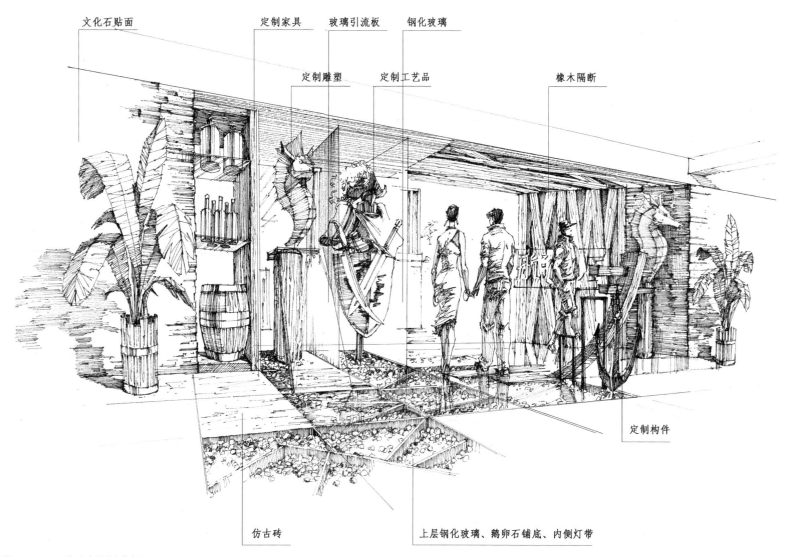

图4-2-26　线稿中的材质表达1

图 4-2-27 线稿中的材质表达 2

4.3　线稿的能力训练与积累

　　表现图线稿层面，应解决形体塑造及空间尺度把握两方面问题。能力培养可通过临摹学习用笔技法、家具等单体及简单组合的摹写逐步建立立体对象塑造能力，通过实地写生中的综合训练获取空间尺度感和把握力。

4.3.1　家具单体及家具陈设组合训练

　　家具单体是常用基本训练方式之一，表现中注意对家具结构的分析与认知，找出关键的结构点组成的虚拟切面、结构线，从它们之间的透视关系入手整体把握家具单体的结构与透视（图 4-3-1）。较复杂家具可在结构分析的基础上，进行多角度练习，有助于提高能力（图 4-3-2）。

图 4-3-1　家具单体表达

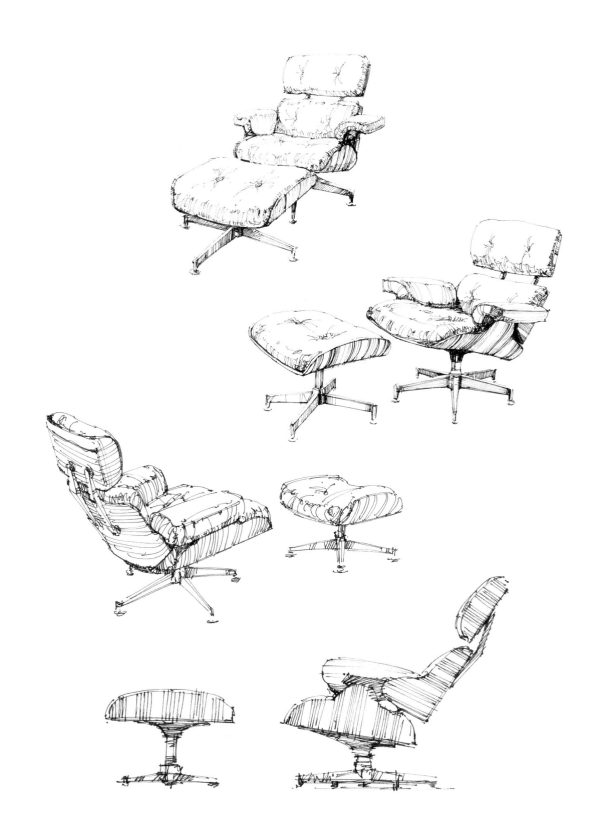

图 4-3-2 家具的多角度表现

在家具单体训练的基础上可进行家具组合练习，家具组合练习主要增加了家具间的位置关系，在训练中可尽量尝试不采取铅笔前期辅助线，直接钢笔徒手表达，也可尝试从某个局部向外推的顺序画，目的是锻炼局部空间的透视把握能力（图4-3-3）。

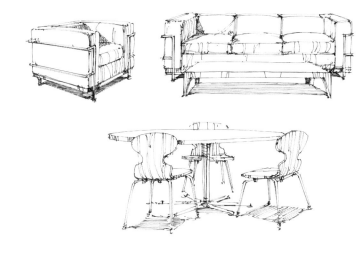

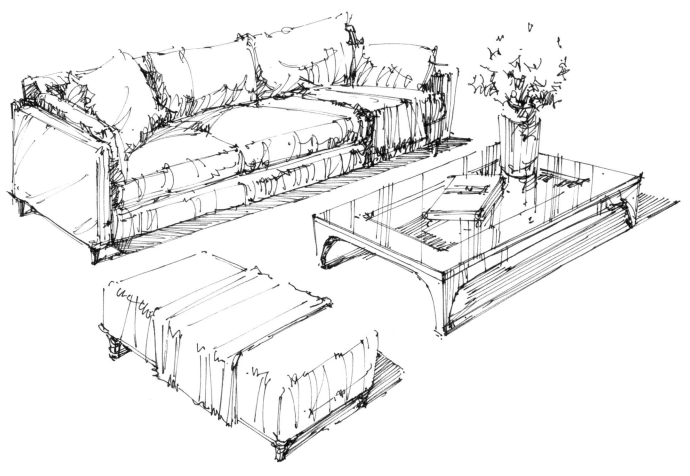

图4-3-3　不借助辅助线的徒手直接表达

4.3.2　从速写为基础的空间写生综合训练

建筑速写训练是设计手绘的基础，一般传统钢笔建筑速写的训练形式是不以铅笔起稿，直接用钢笔完成对写生对象的表现，内容包括建筑对象的结构及明暗关系等（图4-3-4）。

针对设计表现能力培养需求，可在建筑速写的基础上进行内容更综合的空间写生训练（图4-3-4）。综合空间写生训练除实现一般建筑速写表达层面的训练目的外，还应在训练过程中帮助训练者建立设计能力中的早期空间感，如对空间尺度的准确感知，对多种尺度范围的空间形态建立大体的意识印象，并能以手绘形式较为准确地落实在画面上。

图4-3-4　建筑速写

首先，选取较复杂建筑单体，认真分析形体结构，按照设计表现要求，先以铅笔起稿辅助线，再以钢笔完成。铅笔辅助线的程度可以个人能力而定，随着训练积累逐步减少。此项训练的重点在对象形体，对结构及透视的准确度要求较普通建筑速写更高，应尽量减少误差（图4-3-5）。在深入分析观察的基础上，对写生对象建筑进行多角度训练（图4-3-6、图4-3-7）。

空间速写训练可与测绘及分析相结合。在描绘对象的同时进行各种简单测量，包括写生对象本身的体量数据、写生对象之间的位置关系，重点感受由观察位置的远近与角度变化所带来的不同视觉效果，从中提升与强化对复杂透视变化的把握与运用能力。

图4-3-5 复杂建筑单体综合写生步骤

图 4-3-6　多角度建筑写生 1

图 4-3-7　多角度建筑写生 2

通过现场写生和对建筑对象的直接观察与主观分析，绘制比例尽量准确的立面草图（图4-3-8），并根据立面图尝试自行推导建筑与周边环境平面图。

通过上述系列练习，使训练者具备初步的空间结构理解和分析能力，对写生对象建筑形成较为具体的主观认识，并据此画出一些现场无法获取视角的表现图，如鸟瞰图视角等（图4-3-9）。

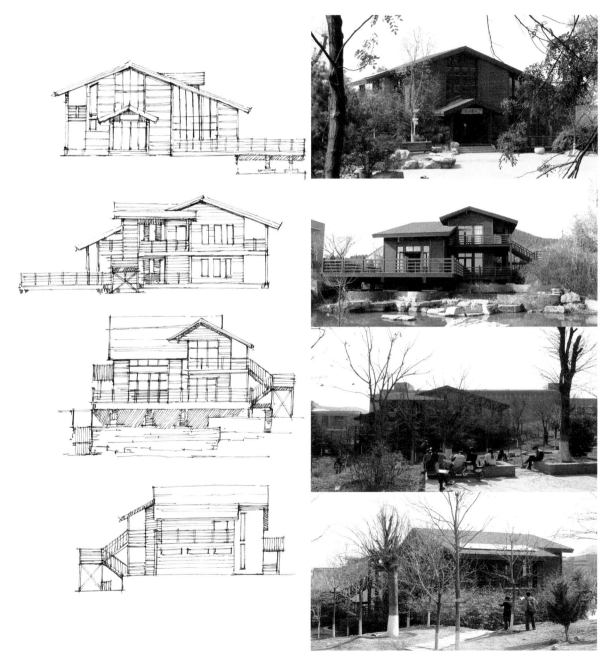

图4-3-8　通过观察分析绘制立面草图

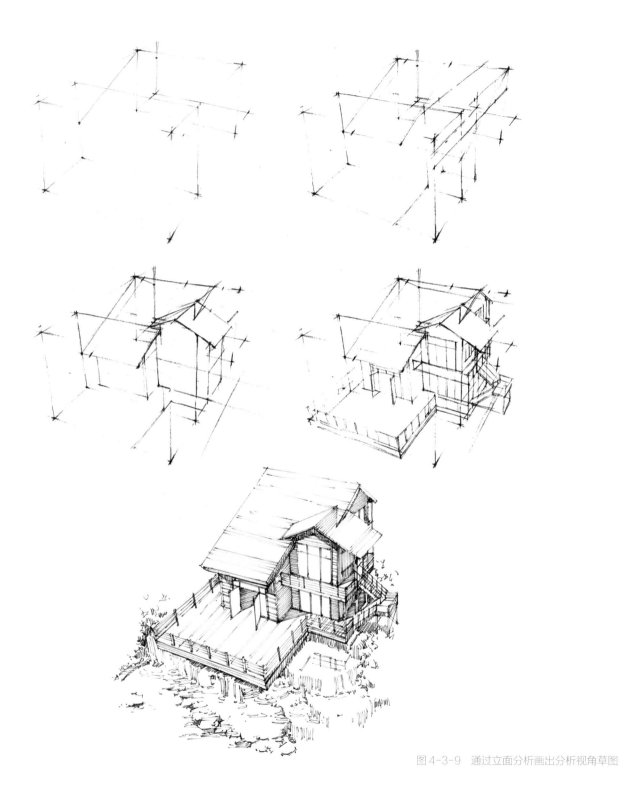

图 4-3-9　通过立面分析画出分析视角草图

第五章

空间色彩的表现

DETAILED EXPLANATION
AND TRAINING OF
INTERIOR SKETCH DESIGN

色彩表现是快题空间效果图的重要组成部分。

效果图用以表达设计方案，所以其色彩表现应尽量遵循客观准确的原则，真实反映方案空间的色彩关系与光照效果，并尽量体现空间材质质感；同时，经过色彩表现的效果图应做到图面色序和谐统一，具有较好的明度层次，视觉冲击力强，以便在应试中取得良好的效果。

快题表现常用的色彩工具包括马克笔、彩铅、水彩等。

5.1 马克笔

马克笔，又名麦克笔，译取自其英文名称 marker pen 或 marker，最初的主要用途是用于做记号，并非为设计量身定做设计的表现工具。但马克笔工具由于自身的物理特性比较适合设计表现，一直在设计界被普遍用于设计表达，已经有几十年历史。

马克笔在快速表现图领域一直稳定地占据色彩工具主导地位，广泛应用于设计一线，同时也是快题设计最主流的表现工具（图 5-1-1）。

作者：谭素雅　指导老师：张啸风

图 5-1-1 马克笔快速表现图

作为色彩工具，马克笔工具具备自身明显的优势，可概括为"出效果、易上手"。

工具的自身特质使绘图人可以在极短时间内确立画面关系层次，色彩明度区间跨度大，方法得当可较容易获得强烈的画面明度对比，在各类考试中体现出明显优势；马克笔的色号较固定，实际运用中以灰色系的大面积使用为主，辅以其他色彩，色彩搭配通常较为程式化，不追求过多变化，只以快速体现空间效果为目的，故对绘图人的色彩运用能力要求相对较低。

马克笔的常见笔尖材质为纤维材质类，弹性有限基本趋同于硬笔类，笔触输出稳定容易控制，初学者在经历较短时间的适应期之后通常都可以做到熟练上手，与软笔类画笔工具相比技术门槛较低。

此外相对于各种颜料类色彩工具，马克笔便于携带，上色过程中无需外部加水，为即时使用提供了极大方便。

上述优点的存在，使马克笔工具与速度时间要求高、追求整体空间效果而对复杂色彩变化及细节刻画没有太高要求的快题设计快速表现完美契合。

5.1.1 马克笔特性及使用基本技法

马克笔按介质区分的三大常见类别，即水性马克笔、油性马克笔及酒精马克笔，其主要使用区别表现在笔触叠加效果（图 5-1-2）。

如图 5-1-2 所示，水性马克笔笔触叠加效果最为明显，笔触落纸后再加水可溶解，高水平的绘画者熟练掌握工具后可以借助这些特性施展各种技法增强画面表现力；但对于入门初学者来说，水性马克笔的明显笔触交界痕迹显得难以控制，尤其大面积上色区域由于不可避免的中途停笔等原因留下明显痕迹造成画面不整洁，需要一定量的训练方可掌握。

油性马克笔笔触叠加效果最柔和，只在刚落笔时有较明显的笔触叠加痕迹，几秒钟后笔触逐渐晕开，叠加痕迹被极大淡化，非常

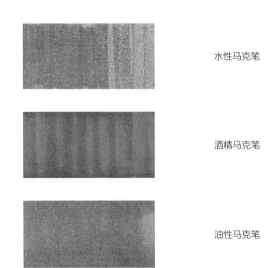

水性马克笔

酒精马克笔

油性马克笔

图 5-1-2　不同类别马克笔笔触叠加效果

适合表现大面积背景色。

酒精马克笔的性质介于水性笔和油性笔之间，更接近于油性马克笔，部分酒精马克笔各品牌配有一支无色纯酒精笔，通常标为 0号，可一定程度上融开酒精笔笔触，用于特殊晕染褪色效果。

酒精马克笔由于其介质酒精对人体无害、无刺激性气味、价格较油性马克笔有一定优势，成为当代设计快速手绘表现最主流马克笔类别，本书的示例也以酒精马克笔作品为主。

马克笔的笔头类型最常见的主要有四种（见第二章图 2-4-1）：

平头：笔尖横切面类似扁长方形，宽度在 5~6 毫米，末端斜尖，是最常见的酒精笔尖，也是多数主流品牌的主打笔尖型号，如 FINECOLOUR、TOUCH 等。

三角头：笔尖横切面类似圆柱形，宽度多在 6~8 毫米，末端斜尖切面类似三角形。此类笔尖的代表是美系品牌 AD 马克笔。

软笔头：笔尖形态类似毛笔笔尖，按压可产生形变，代表有温莎牛顿马克笔，FINECOLOUR 三代的双笔尖中也含有长软尖。

小尖头：短细尖头，常用于双头马克笔的第二笔尖，用于画细线和部分细节刻画。

平头与三角头要通过转动笔身，通过笔尖的不同位置接触纸面形成各种不同的线型变化（图 5-1-3），是室内设计表现图使用的主要笔尖类型；软笔头主要通过压力变化改变线型形态，对绘图者的经验及手上感觉要求较高，更多用于卡通动漫及工业产品设计领域。

其他笔尖类型，如宽度在 3~4 毫米的窄斜尖，代表为日本美辉品牌的 1900B 马克笔，曾一度非常流行，适合较小幅面的表现图；另外，近期 STA 品牌推出的夏克梁款马克笔，在斜方尖基础上将笔尖改薄，更适合表达细节。多种类别，可根据自身绘图习惯灵活搭配选择。

马克笔用笔强调速度感和确定性，因其笔触不易修改，应做到落笔前对每一笔的目的、用笔方式、起止点等清晰明确。

马克笔因其自身性质，起笔和收笔处会留下笔触痕迹，痕迹的明显程度与多种因素有关，其中工具客观因素包括笔之间的区别、含水量的多少、纸张的类别差异等；可主观控制的因素为绘图人的用笔方式。减少头尾两端的笔触痕迹可通过加快落笔和收笔瞬间笔尖在纸面停留的时间实现（图 5-1-4）。这里要注意，普通用笔方式中收笔环节可以减短时间，但需要保留收笔停顿动作，避免出现甩笔效果，后者为表现目的不同的另一种用笔方式——"扫笔"。

扫笔的用笔方式主要用于材质表面的各种光色渐变关系，如灯光照射区域等（图 5-1-5）。技法要领为落笔后向目标方向迅速运笔，并于中途将笔抬起，笔触末端为毛状拖尾效果。扫笔的线条务必保证运笔快速，此外由于扫笔通常用来表现色彩过渡，而过渡的另一端是留白，故较浅的色使用扫笔技巧更容易取得和谐的过渡效果。

马克笔着色中用笔的方向与排列极为重要，因为无法避免笔触的痕迹，所以马克笔的运笔方向应紧密结合表达对象的结构方向（图 5-1-6），避免无目的地随意用笔，使画面显得凌乱。

马克笔对于一些整面的着色，尤其是处于亮部的面，不是一味

机械地涂满，而多是结合光照等因素，通过折线调整用笔方向做出留白渐变，在并不实际涂满的情况下给人以"满"的感觉，可避免色块化的呆板，增加层次的丰富性和画面的生动感。

笔触排列中注意随着接近留白端，用笔方向和线型粗细的变化。通常是变化开始处用线由平行变为小角度折线，然后逐渐趋于平行但线宽变细并间隙加大（图 5-1-7）。

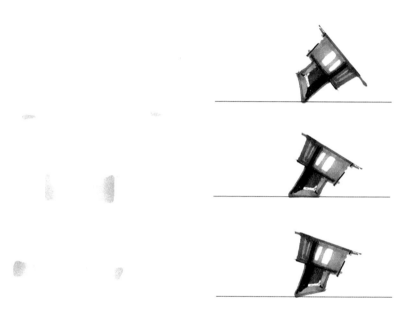

图 5-1-3 笔尖不同位置与纸面接触产生的线型变化

起止两端起落笔迅速

起落笔在纸上停留时间稍长

笔触末端出现甩笔

图 5-1-4 普通用笔的起笔与收笔

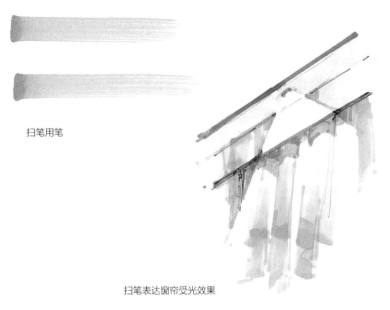

扫笔用笔

扫笔表达窗帘受光效果

图 5-1-5　扫笔技法

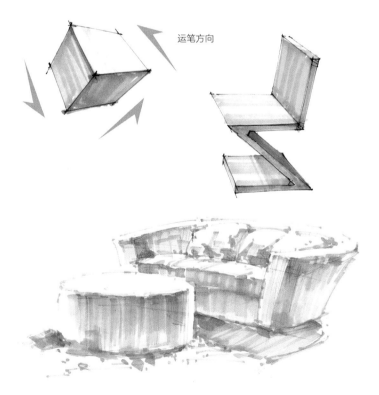

运笔方向

图 5-1-6　运笔方向与对象结构的一致

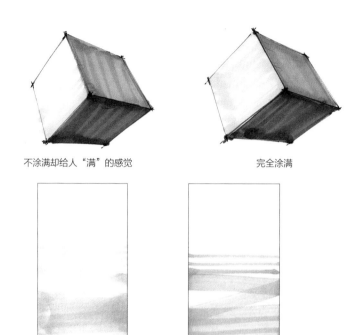

不涂满却给人"满"的感觉　　　　　完全涂满

过渡处折线用笔，并改变笔触粗细

图 5-1-7　着色中的留白与渐变

　　酒精马克笔和油性马克笔的使用中，深色对于浅色具有一定覆盖力，同一支笔增加笔触次数也可以获取颜色加深的效果。冷暖及色向相近的颜色互相叠加相对容易控制，色相和冷暖反差过大的颜色，即一般所说的冲突色，叠加用笔过多会使画面显得"脏"，影响视觉效果，应予以注意（图 5-1-8）。

　　总的来说，马克笔颜色之间调和性较弱，通常被认为属于不可调色工具，颜色的搭配选择比较固定，着眼点偏宏观，适合短时间内构建大的色彩和明暗关系，不擅长表现颜色的细微变化。

　　从设计效果图本身的表现目的和需求来说，重在反映方案空间的实际效果，颜色处理上应在真实表达材质固有色关系的基础上，适当考虑光源及环境色的影响。细致研究环境色的各种影响，并将其强化或进一步夸张、抽象的思路是艺术绘画范畴的色彩处理原则，用于表现个人主观感受，在创作目的上与设计表现图有本质区别。

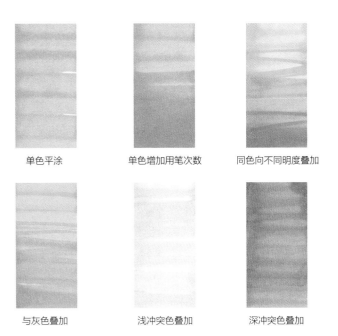

单色平涂　　　　单色增加用笔次数　　　同色向不同明度叠加

与灰色叠加　　　　浅冲突色叠加　　　　深冲突色叠加

图 5-1-8　马克笔的叠加

图 5-1-9　马克笔上色顺序

马克笔为主的室内表现图多以纯度较低的灰色系为基础,高纯度色彩通常较少在画面上大面积使用,构成大色彩关系的主要基础色不宜过多,一般为 2~3 个色向,在同色向中使用不同明度的颜色,利用工具本身明度区间大的特点,使画面在明暗关系方面获得较强视觉冲击力,所以马克笔表现图中最暗的部分要敢于用重色,避免画面偏灰拉不开明暗关系,无法体现工具优势。

马克笔是一种使用技巧偏向大开大合的工具,应敢于大胆用笔,过于拘谨的心态容易使画面用笔琐碎失序,不符合工具特色。

马克笔的着色顺序通常是先浅色后深色,较大面积的色通常先上,类似"铺色",以便控制整体色调,之后逐步加深,确立明暗对比关系(图 5-1-9)。

由于深色对浅色有覆盖效果,故可以一定程度起到修正作用,如浅色涂出预定区域,可以深色覆盖(图 5-1-10),故马克笔上色过程,尤其浅色铺设阶段,无需过分拘谨。

图 5-1-10　深色对浅色的覆盖修正作用

5.1.2　马克笔在快题表现中的一般步骤

基于对马克笔工具的认识，我们通过一个示例来了解快题表现图中马克笔的应用。本示例为汽车4S店前厅空间效果表现图，列举从白纸起稿开始，直至马克笔上色的最后完成的表现全过程。

本示例按照快题考试中追求稳妥的步骤思路，先以铅笔完成空间结构透视辅助线，再以铅笔勾出大概线稿，确定后用钢笔勾线，最后用马克笔上色。

上色阶段遵循由浅到深，先从大面积颜色开始着色的顺序，如对工具把握较大，或已经在草稿上尝试好色彩搭配，可根据个人情况不同程度地简化上色步骤以适应时间要求。

步骤一（图5-1-11）：

以铅笔画出确立空间透视走势的最主要辅助线，包括各顶面与立面的主要交界（此步骤之前应先以草图方式确定空间方案概况，以草图为依据绘制正式表现图）。此步骤虽然画线较少，但决定了表现图的空间宏观因素，应反复斟酌调整。

如图面较大，直接采用直尺画出辅助线通常比徒手更准确省时，画线时尽量拉大眼睛与纸面距离，以便宏观掌控，视线与纸面尽量呈垂直。如条件允许可采取站立画姿。

步骤二（图5-1-12）：

用铅笔在第一步骤的基础上继续深入，在空间内加入主要结构对象框架，注意通常采用在先地面确定投影位置的方式来确定对象位置，过程中注意各结构单位的透视，应始终清楚视平线所在水平位置（可于纸面上用铅笔将视平线画出并略作加重强调，钢笔线稿完成后橡皮擦除），并以视平线作为各种结构透视线的最重要依据。

步骤三（图5-1-13）：

如果在快题应试中，追求对最终效果的最大把握性，可以在铅笔线稿环节把图面内容画得更充分（如绘图把握大或时间不足，可简化或省略本步骤）。

将结构细节更多表现出来，并稍微表达一下明暗及光影关系，明暗和光影的简单表示有时会帮助发现结构及透视方面的问题。随着问题的发现，及时用橡皮改正（这个阶段的修改用可塑式橡皮更为方便），在钢笔落纸前做到透视、结构等方面最大程度的准确。

如表现图本身结构或透视较复杂，较具体的铅笔稿会起到更大帮助，过程中发现问题局部调整，甚至较大幅度的修改都属于常见现象，在考试临场需稳定心态、耐心仔细，完善的铅笔稿会为之后的钢笔勾线阶段打下良好基础，节约大量时间并增加把握性。

注意铅笔线不宜太深太重，如修改次数较多导致局部黑重，可以软橡皮或可塑式橡皮随时淡化。

步骤四（图5-1-14）：

铅笔稿调整完成后，开始钢笔线稿勾线步骤（也可使用一次性针管笔等）。将不再需要又容易在钢笔稿阶段造成误导的铅笔稿部分尽量用橡皮清理。

钢笔勾线顺序一般按照实际空间的遮挡关系采取先画前景物再画后景物的顺序完成，实际考试中由于这个阶段经常已经进入数小时的考试时间末期，大脑已经处于疲劳状态，采取从前向后的勾线顺序，而不采用先整体后局部，可减少失误，有效避免把实际被遮挡不可见的铅笔稿辅助线部分误以钢笔画出。

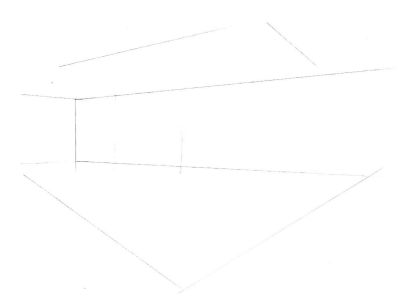

图 5-1-11 步骤一

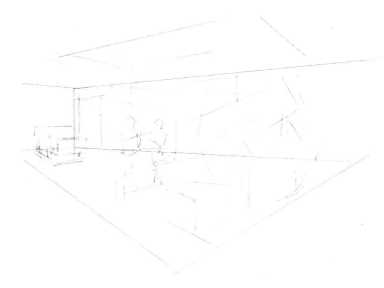

图 5-1-12 步骤二

图 5-1-13 步骤三

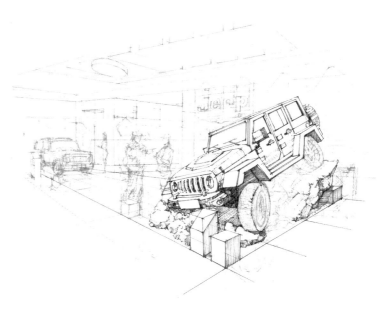

图 5-1-14 步骤四

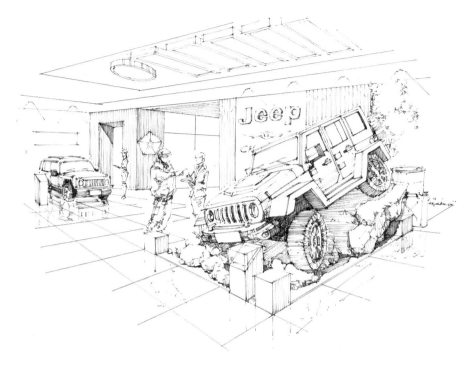

图 5-1-15　步骤五

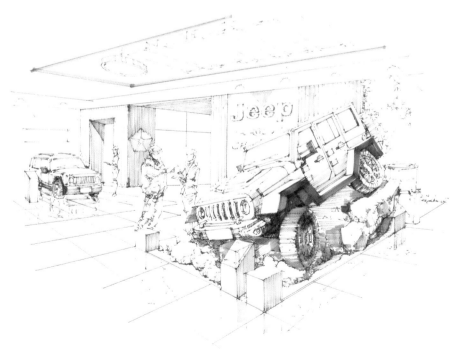

图 5-1-16　步骤六

步骤五（图 5-1-15）：

按顺序完成钢笔勾线，大的空间结构要清晰明了，重点区域主要结构变化要表达到位。

马克笔上色的线稿，明暗表达在线稿环节无需太具体，不需要构建完整明暗关系层次，只在位置上有所示意即可。

步骤六（图 5-1-16）：

进入马克笔上色阶段，首先确定图面所选择的大的色向对比关系，先以所选色向中较浅的色于暗部试验，检查对比效果是否符合预期，注意笔触方向需要与对象结构相一致。

步骤七（图 5-1-17）：

在上一步的基础上进行颜色深入，这一步的深入对象依然是构成画面的最主要色向，其他用于表现细节颜色暂不考虑。在主要色系中通过明度上加深构建出大体的明暗关系层次，整幅图的色彩氛围此时已经初露端倪，注意一些预设留白部分此时尽量留出，如光照效果。但也不要因为对琐碎的留白细节过于顾虑而影响到马克笔运笔的流畅，细节留白可后期以高光笔等表达。

步骤八（图 5-1-18）：

在大的色彩关系确定的基础上，增加层次，特别是明度关系，此时应该基本调整到位。明度层次最高的部分为画面留白，最低的重色部分应敢于使用深色，拉开层级间距离使画面对比强烈。

色向方面逐步加入多种细节色彩，添加同

时应注意与主色调的和谐关系，维持画面色彩平衡。

光照所产生的同材质明暗面之间的冷暖对比也可以进行适度表达，但注意不要过于夸张，设计表现图更强调固有色之间的宏观色彩关系，光影和环境色导致的色彩冷暖变化以接近真实视觉效果为原则。

步骤九（图 5-1-19）：

最后完善色彩关系，完成所有需要着色的部分。

快题表现属短时间表现，空间内所有细节刻画不可能面面俱到，就画面本身的视觉要求及设计效果图的表达目的而言，也应该主次清晰，画面中重点区域、重要局部、核心表达对象应尽量刻画深入，色彩变化相对丰富；次要环节及背景对象注意适度弱化、虚化处理。非重点局部刻画过于具体、色彩变化过于丰富会喧宾夺主，冲击主体表达对象，使画面秩序失当。

马克笔工具应尤为注意的是笔触变化，丰富的笔触变化应用于主要区域及重点对象的表达，次要区域尤其是背景应注意控制笔触，尽量平和为宜，忌变化过多。

细节色的添加注意在整幅画面中与其他部分的呼应关系，处置得当可起到改善画面平衡的作用，局部小过渡可以使用彩铅、水彩等工具辅助，最终完成整幅效果图（图 5-1-20）。

图 5-1-17　步骤七

图 5-1-18　步骤八

图 5-1-19　步骤九

图 5-1-20　完成图

5.1.3 马克笔技法的能力训练与积累

客观来说，马克笔相对属于易掌握的色彩工具，就其纯技法层面而言并不复杂，容易上手，使用的技术门槛不高。但任何色彩工具使用的最终效果都有赖于绘图人的色彩能力水平，对于美术基础较扎实、擅长颜料类彩画的人来说，马克笔只需要很短时间的熟悉就可以在快题色彩表现中达到满意的效果。

如色彩基础能力略有欠缺，可在训练马克笔技法的同时同步提高色彩能力。马克笔能力综合提高的有效途径有两条：一是临摹，二是色彩写生。

临摹练习：

临摹练习的主要目的是通过模仿以最短的时间掌握工具的使用技巧，其先决条件是临本选择得当。

临本即被临摹的范画，务必保证高水准。马克笔工具并不像油画、国画等有复杂高深的用笔技巧，无需在选择临摹范本水平上"循序渐进"，应直接选择最高水平的作品进行临摹，临本选择方面如有高水平经验丰富的老师指导可事半功倍，否则稳妥起见只选择顶级马克笔专家的作品比较稳妥。名家的临本范画相对技术水平高、错误与问题较少，可最大程度保证临摹者不走弯路。

临摹之前应对范画充分阅读与分析，内容包括多个层面：画面所表达的空间尺度；图面表达目的重点与其视角选择的关系；色彩体系的纯度、冷暖关系与明暗关系层次等，通过分析原画可尝试用草图还原场景平立面并画出其他视角的透视图。

由于快速表现偏重速度，画图过程较快，即使专家级别也做不到所有细节的结构与透视百分之百完美无缺，临摹中如有能力发现结构透视中存在的小问题，可在自己的画面中尝试修改调整。

临摹中对于用笔方式等技法应尽力与范画保持一致，这样才能充分达到学习目的。

对于颜色的选择，应宏观把控大的色彩关系，而不是对每一个颜色过于追求一致。不同的马克笔品牌颜色本身有所差异，书籍等经过印刷调整后和原稿色彩上有所出入也在所难免，另外顶尖马克笔专家的马克笔色型持有量通常远多于一般初阶学习者。所以对于马克笔作品临摹，每一个颜色都做到和范画完全一样无法实现也没有必要，颜色选择只注重色彩关系即可。

色彩关系重视两个层面：色向冷暖及纯度。尽量保持原画的冷暖关系对比程度，没有的色彩可以同冷暖方向更偏灰的颜色取代，如蓝色系可以冷灰取代，红色系可以暖灰取代，选择中注意明度相当，保持整个画面的明暗关系基本不变。

初学者临摹经常出现的错误是对照原画每一个色彩选取最接近的颜色，而忽视了整体关系的对比，很容易打破原画的色彩和明度关系序列，使画面整体效果下降。色彩方面临摹稿可能较原稿整体纯度偏低、色向种类不如原稿丰富，都属于正常现象，重点是色彩及明度整体关系的保持。

色彩写生练习：

室内外实地或照片写生练习是马克笔能力积累的另一主要途径。

可在室外空间速写写生练习（本书第三章内

容）完成的线稿基础上进行马克笔着色练习，也可对照实景照片进行马克笔色彩写生训练。

临摹与写生时间上不是按顺序先后进行，而是同步开展。

写生过程中可先通过单色系（通常选用灰色）写生训练掌握马克笔工具对明度的层次表现（图5-1-21、图5-1-22），这对循序渐进掌握该工具有很大帮助。

马克笔色彩写生中应重视自身对写生对象色彩的感受，基于实景组织色彩序列，用色原则与一般色彩写生一致，尽量避免对他人作品的参考，减少临摹过程中范画配色的程式化影响（图5-1-23～图5-1-26）。

写生中可以尝试用马克笔表达各种结构颜色的复杂变化，训练目的是增强对工具的掌握，与设计表现图中的细节技法处理原则并不矛盾。

图 5-1-21　单色系室内场景写生

图 5-1-22　简单色系户外写生

图 5-1-23　马克笔色彩写生 1

图 5-1-24　马克笔色彩写生 2

图 5-1-25　马克笔色彩写生 3

图 5-1-26　马克笔色彩写生 4

5.1.4　当下快题表现中对马克笔工具的再审视

马克笔是当下快题表现中毫无争议的最主流色彩工具，但任何工具都不是万能或完美的，同样因为物理性质所限，马克笔工具不可避免地存在自身的短板。

首先马克笔工具的混色能力较弱，不同色系的浅色之间无法完全覆盖、难以互相调和，不同色向叠加过多会导致颜色"变脏"，较难独立表达丰富的色彩变化，实际运用中经常通过水彩及水溶性彩铅的辅助解决色彩层次及变化的问题。

相对软笔和颜料类工具，马克笔实际可看作一种技法上被简化与程式化的色彩工具，使用中常带有比较明显的套路与模式感。

由于主流马克笔品牌数量有限，大众选择持有的色号组合雷同率很高，导致产出效果图的整体色调方向也常有趋同现象，不但不符合设计色彩能力培养目的，也易在应试中显得流于大众，对应试人非常不利。如接触马克笔学习之前色彩基础薄弱，学习过程中对色彩的理解又过分拘泥于马克笔，会严重影响对设计色彩能力的培养效果。加强马克笔写生是解决这类问题的有效途径之一，通过大量切身感受来组织色彩能保证色彩工具受主观色彩感觉控制，相反，如单一靠临摹训练较容易被马克笔套路配色的程式化所桎梏。

马克笔笔尖多为纤维材质，特征偏向硬笔，不具备软笔笔尖的笔触丰富变化，从先天层面决定了马克笔难以成为表达复杂细节的理想工具。虽然一些绘画艺术家在马克笔使用领域做过长期深入的技法研究，也产生了大量以马克笔为主的优秀绘画作品，但采用的主要方式是大幅度增加马克笔的色型使用数量来丰富作品层次，失去了便携性，效果与颜料类软笔工具相比也未能体现优势，作品主要体现了艺术家个人的能力与艺术修养，不足以证明马克笔工具是表达细节和色彩丰富变化的理想工具。

从多角度审视分析，有效使用马克笔工具首先要对其正确认识与评估，技法学习研究以设计表现的实际需求为准，充分发挥工具优势。

5.2　彩铅与水彩类工具

5.2.1　彩铅与水彩类工具特点

彩铅：

彩铅是快题中常用的重要工具，特点是细腻多变、容易控制，并且可通过橡皮进行一定程度的修改。设计快速表现选用的彩铅一般为水溶性彩铅，此类彩铅的笔触遇水溶解，可获得近似水彩的表达效果。

彩铅可独立使用或作为主要色彩工具着色，又可作为马克笔的辅助工具。彩铅着色可控性强，易于表现色彩的丰富细微变化（图5-2-1）。但相较马克笔工具，色彩渲染力度较弱，显得"浅"和"轻"，难以如马克笔一样很轻易地建立画面整体明度关系的强烈对比；彩铅通幅图面着色时间较长，快捷性方面不及马克笔；更细腻的表达能力也带来了对绘图人的更高要求，彩铅着色对作者的色彩功力比马克笔体现更直接，独立使用需要较好的颜色驾驭能力才能体现最佳表达效果。

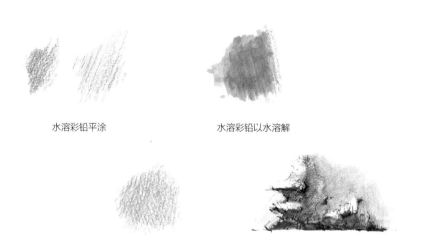

水溶彩铅平涂　　　　　　　水溶彩铅以水溶解

平涂混色　　　　　　　　　彩铅表达效果

图5-2-1　彩铅笔触效果

当下以马克笔为主的主流色彩表现手法中，彩铅作为主要辅助工具被大量使用。彩铅的工具性质与马克笔的互补性很强，使用在各种过渡节点可有效增强着色区域的色彩层次变化、质感表达真实度及过渡的柔和度（图5-2-2）。

图 5-2-2　马克笔、彩铅结合表现

水彩:

水彩也是快题表现常用的色彩工具之一。

从绘画艺术的层面看,水彩是一大门类,本身博大精深、内涵丰富,设计表现中对水彩的运用通常只涉及其较少一部分初级技法。另有一种特点、用法都与水彩极其相近的颜料类工具——透明水色,20 世纪末前后曾和水彩一起广泛应用于设计手绘表现中。

水彩类工具的主要特点是易调和,通过与水分结合的控制与用笔的变化,可实现十分丰富的色彩效果。水彩类表达效果偏轻薄透明,色彩间覆盖力弱,与彩铅工具的使用原则有很多相似之处。

水彩作为主要色彩工具在相当长的时期内在快题表现中占有很大比重,近年来,其应用比例在逐渐降低。客观来说,水彩类工具的几个特点在一定程度上影响了其在当下快题中的普及:首先,水彩工具对色彩功力和绘画能力要求较高;其次,由于工具的效果和水与纸张的结合关系极大,纸张类型不同晕染效果差别很大,对工具发挥的影响明显,而应试中纸张一般无法主观选择,这种情况下增加了水彩工具使用效果的不可控性;再次,因为大量用水渲染,水彩类工具对线稿选用的钢笔或针管笔有所要求,最好选用防水的线稿笔,否则容易被水分晕开墨线,影响画面效果。当然,有经验的绘画人可以利用水分晕开墨线的效果塑造各种关系,但需要较多的训练,积累足够经验才可做到。

与彩铅工具一样,水彩类工具也是马克笔辅助工具的理想选择之一,可发挥柔和多变的特性来丰富图面层次。当下工具形式的发展也为使用者提供了更多的有利条件,如可用自来水充水软笔配合固体色块使用,便携性显著提高。

5.2.2 彩铅、水彩应用示例

与马克笔相比,彩铅与水彩在快题表现中属于低覆盖力色彩工具,要求在线稿阶段,结构与明暗关系用线条表达得比较清晰到位(图 5-2-3)。

纯以彩铅和水彩的快速表现着色示意如图 5-2-4、图 5-2-5。

图 5-2-3 适用彩铅、水彩的线稿

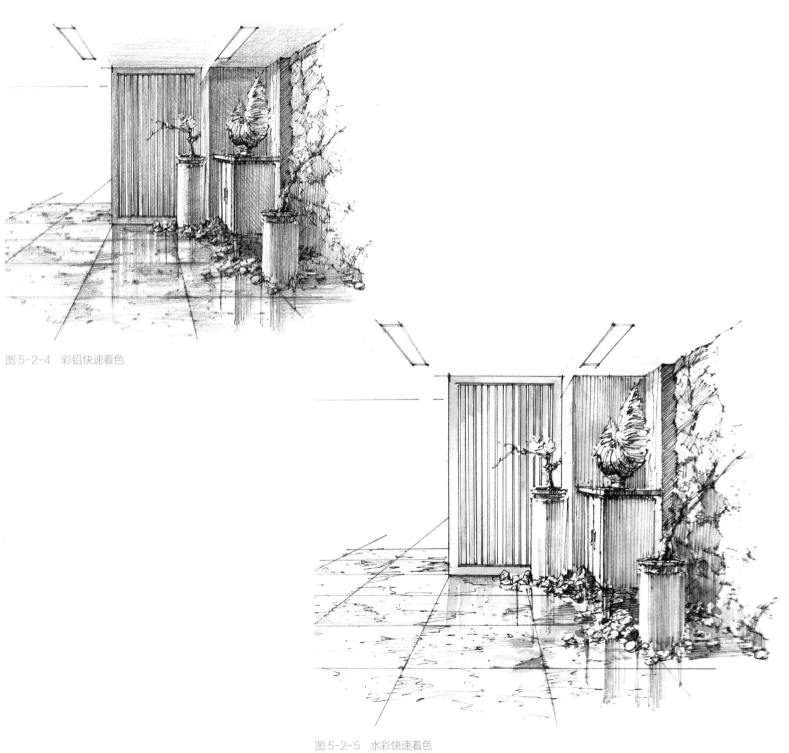

图 5-2-4　彩铅快速着色

图 5-2-5　水彩快速着色

5.3 色彩工具的选择与综合运用

5.3.1 色彩工具的选择

快题设计表现中色彩工具的选择应结合两个层面考虑：一是个人的擅长及实际能力情况，二是快题表现对色彩表达的要求。

以马克笔为主、其他工具为辅是当下快题设计的主流选择。马克笔工具对使用人的要求各方面较均衡，不需要很高的线稿绘画能力及色彩功底，只需具备设计专业基本美术素质，经过一段时间的训练都可入门掌握。但作为应试工具而言，由于应试中使用马克笔的人数比例极高，如希望试卷在众多同类作品中脱颖而出，只能依靠较高的真实能力，需要大量训练积累。

如个人绘画及色彩能力较强，线稿表达方面比较有优势，彩铅或水彩类工具也是理想选择，在应试中不但可以作为小众工具获取更多关注，又可以充分体现个人绘画方面的优势。水彩或彩铅为主的同时，也可以选择马克笔作为辅助工具，用于拉开画面明度关系以及帮助控制整体色调。

5.3.2 色彩工具综合运用

色彩工具综合运用的总体原则是互相配合，以各自的优势弥补其他工具的不足，如马克笔为主的色彩表现中采用彩铅进行各种过渡，避免马克笔于各种细节变化中的纠缠，既节省时间又可优化效果。

质感的表达：

画面中不同质感的部分可通过色彩工具配合使用来区分表达。材质序列是设计中的重要部分，不同材质之间，纹理、光感等视觉感受有所不同，表现图中对于质感差别应尽量有所区分（图5-3-1~图5-3-3）。

图5-3-1 不同质感的表现（皮革、金属）

图5-3-2 木质、金属、玻璃的质感表达

图 5-3-3　织物、亮面不锈钢的质感表达

以马克笔表达不同质感应注意区分用笔方式，快速直线用笔适合表达平整的面，亮面的留白处理与材质的光感有关；织物类软性元素，特别是位于近处及画面表达重点区域时，应注意马克笔笔触的变化，不规则形体表面应以多样化的笔触方向表现，颜色过渡可结合彩铅及水彩完成，高光部分留白或使用高光笔提亮。

马克笔表现的常见问题之一是整图通篇用笔方式单一，全以快速直线用笔完成，致使画面中材质的软硬、平整度、感光效果的差别无所区分，整图层次感减弱，材料质感层面拉不开关系。

同时，画面质感层次的表现也要遵从表达重点和中心原则，最丰富的变化通常只体现在重点区域，且和场景的大小有关：小场景通常更能体现具体材质的质感表现，大空间表现重视整体质感效果，一般不在细小局部过于追求变化。

除画面重点外，背景物或次要部分不宜过于精细表达，主体或重点区域的表现深入程度视具体情况而定。

光感及反射的表达：

照明设计是室内设计的重要环节，快题设计表现图中一般不要求把方案光照效果表达得十分具体精确，但基本的光影关系需要在表现图上有所体现，良好的光影效果表达也能使表现图更加真实生动，是手绘能力的体现。

对空间主光源主要把握位置和方向，确定其造成局部结构阴影的形状和方向。真实室内方案中人工照明效果的阴影状态往往较为复杂，因主光源的多元化造成室内单个家具的阴影经常呈多个，此种情况下如无特殊要求通常习惯只考虑一个主光源的阴影以便画面统一，阴影可酌情弱化处理。

光源的照射效果主要通过两种方式表示：直接留白或使用高光笔、色粉等提亮工具（图5-3-4）。

通常来讲，留白手法会使画面更加自然生动，但留白过多会阻碍马克笔运笔的流畅性，对技巧的要求也略高；使用高光笔及色粉等比较快捷方便，但注意高光笔的使用，整幅画面上不宜过多，否则显得闪烁过于琐碎。

高光笔表现筒灯光源

留白表现射灯光源

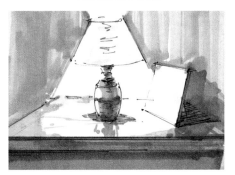
留白表现台灯光源

图5-3-4　光源表达

亮面材质的反射：

空间中亮面材质可对周围物体形成反射，在表现图中应有所体现，如高光面石材或瓷砖地板的反射，以及各种玻璃面及镜面的反射。反射影像与被反射物的位置可反映被反射物与反射面的位置关系，应予以注意（图5-3-5）。

水体反射：

如牵扯水体的反射，除一般镜面反射的因素外，还应适当考虑水体的状态，即水纹对反射倒影的波状扭曲。水面颜色反映环境色，室内水体颜色根据室内空间色搭配；室外人工水体主要反射天空，以蓝色为主，自然水体如江河湖泊，有时呈蓝偏绿。室外水体阴天时蓝色感觉减弱，主要反射环境颜色（图5-3-6、图5-3-7）。

玻璃面光照　　　　　　　　　　地面反射

图5-3-5　亮面反射表达

图 5-3-6　室外水体反射

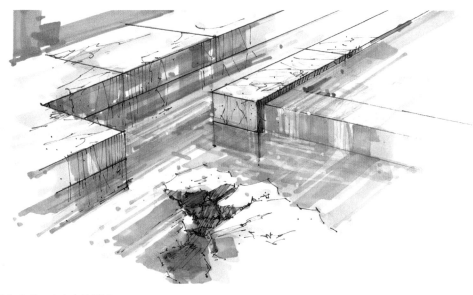

图 5-3-7　室内水体反射

第六章

表现图中的配景元素

DETAILED EXPLANATION
AND TRAINING OF
INTERIOR SKETCH DESIGN

6.1 植物

快题中的植物配景主要包含各种天然及人工仿制的绿色植物、花卉等。

大面积的植物配景更多见于建筑和景观的快题表现，室内快题中绿植多为点缀。

植物可作为画面中的"软性"元素，表达程度的主观控制余地很大，可以处理得比较清晰具体，也可以虚化、概念化，可发挥调节画面虚实关系的作用（图6-1-1）。

在画面场景比较大的情况下，如果表现重点位于中景，近景植物也经常做虚化处理（图6-1-2），通过虚化前景植物与背景天空，突出中景的建筑主体，使画面的近景－中景－远景呈现虚－实－虚的关系。

较大场景中如植物元素分布位置较多，通常会形成绿色体系，除根据位置及重要性确定虚实关系外，还要注意植物间位置的呼应关系，在画面中呈现整体性和平衡感（图6-1-3）。

图6-1-1 植物的不同表现

图6-1-2 在前景中被虚化的植物配景

近景人物

远景人物

背景植物

近景植物

图 6-1-3 场景中植物配景运用示例

6.2　人物

　　人物配景是室内快题中的常见配景类别。

　　效果图中的人物表达不仅具有丰富画面的作用，同时其自身大小可作为尺度标识存在。

　　人物在空间表现图中作为配景，为主题表达效果服务。根据需要可以处理得比较具体详细，也可以十分概括，只勾勒概念化的轮廓，其表达的繁简深入程度对画面的虚实关系可起到调节作用（图6-2-1、图6-2-2）。

　　空间表现图中的人物一般不需要太过深入刻画，大的造型方面应注意男性、女性、儿童的身体比例关系特点，区分男女性一般通过肩宽和胯宽的比例：男性肩宽较大，远高过胯宽，呈倒三角形；女性肩宽较窄，胯宽较宽，呈沙漏形；儿童的四肢偏短，头部比例偏大（图6-2-3）。

图 6-2-1　场景中的人物

图 6-2-2　人物的不同表达深入度

图 6-2-3　男女及儿童的身体比例特点

大型空间里人物较多的情况下，应考虑视平线位置：一般站立视高，所有立于同一水平面的远近景人物的头部基本处于一条水平线上（即视平线）；如视平线低于站立视高，则确定所选视高大概处于人体哪个部位，在图中将同水平位置的人物该位置在视平线统一即可（图6-2-4）。

人物具象表现需要一定的绘画基本功，形态比较具体的人物对空间效果图感受的影响也相对较大，注意人物的造型、衣着、动态等符合空间的定位：如较为严肃的办公或商务空间人物配景以西装为主；时尚类商业空间的人物着多样化时装。商业类空间还要考虑方案面对的目标人群的年龄段、层次特点，并在人物形象刻画上与之保持一致。

配景人物的状态、衣着类型、肢体动作等甚至可以起到强化空间氛围的作用，运用得当对快题表现很有帮助（图6-2-5）。

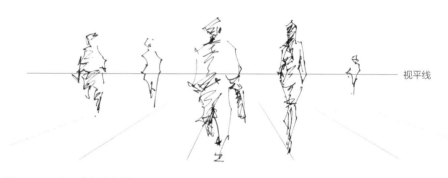

图6-2-4 视平线与人物位置关系

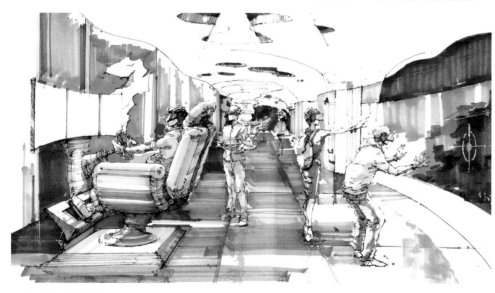

图6-2-5 场景人物动态

一些类型的空间很强调人与人的交流，配景人物在表现图中可发挥比较重要的作用，如互动性很强的商业体验类空间、游戏娱乐或体育健身训练空间等（图6-2-6）。较多人物又需要具象刻画时，同样要明确人物间的主次，在刻画深度及虚实上区别对待（图6-2-7）。

场景图

背景广告招贴人物

场景人物细节

图6-2-6 体育训练类空间内人物

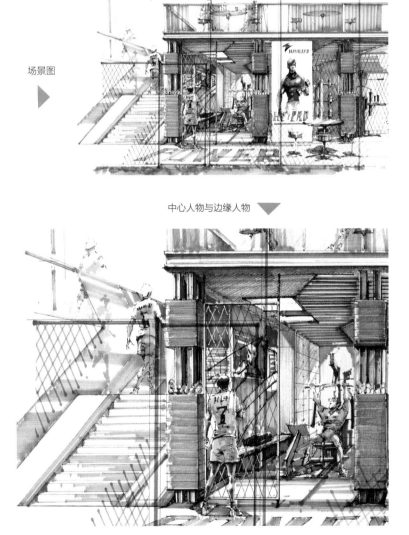

场景图

中心人物与边缘人物

图6-2-7 健身空间内人物

6.3 交通工具

配景中的交通工具主要包括各种机动及人力车辆,如家用汽车、各种商务中巴车、公共大巴车、摩托车、自行车等(图6-3-1)。

交通工具类配景多见于室外景观设计的表现图中,室内快题原本很少涉及,但考试真题中也曾出现过汽车专卖店和自行车专卖店的相关题目,让车辆表现变成"主角"。

抛开应试角度不谈,车辆的表达对于提高设计表现能力来说,是一种很好的结构训练方式(图6-3-2)。车辆的结构要准确表达有一定难度,特别是家用汽车,在类似方体的大结构基础上融入了很多弧面的结构变化,给透视关系的确定带来了不少困难。汽车单体手绘训练的关键首先是要把握汽车结构的关键位置点,在各种弧线表现结构中尽量确定内在直线结构关系。

图6-3-1 交通工具

图 6-3-2 车辆结构训练

除特殊空间题材要求外，车辆形象一般在室内外快题表现图中只起到背景和点缀作用，主要用于丰富空间氛围，无需太过深入刻画。

如把握性强，可直接钢笔起稿简单快速处理，注意从最主要的结构点入手，先找大的结构线迅速确立形体及透视关系，然后以此为基础完善具体结构。

车辆的表面材质一般为高光金属，着色中应尽量体现金属光感，但注意如车辆在图中非表现重点，则表达宜偏概括，不要细节变化过多（图6-3-3）。

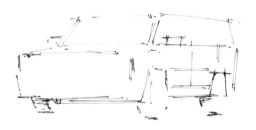

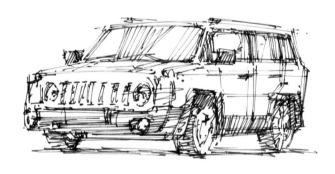

图6-3-3　车辆快速表现

第七章

快题设计实例分析

DETAILED EXPLANATION
AND TRAINING OF
INTERIOR SKETCH DESIGN

7.1 实题解析 1 (居住类空间)

题目: 140 平方米欧式样板间设计

设计要求:

根据所给建筑平面图中的约 140 平方米单元住宅户型，按样板间要求完成整套空间设计方案 (图 7-1-1)。

(1) 设单元住宅原始顶高为 2.8 米，窗高自定。

(2) 厨房及卫生间的位置不可改动，承重墙体不可改动，如无十分必要其他墙体尽量少做改动。

(3) 空间功能设置包含: 客厅、餐厅、主卧室、次卧室、书房 (或工作间)。

(4) 装饰风格以欧式风格为主。

(5) 立面装饰采用集成墙板类材料。

图纸内容要求:

(1) 自选比例，完成设计方案总平面图，标注地面铺装主要材质。

(2) 自选角度，完成方案主要空间的透视效果图，墨线上色，墨线及色彩工具不限。效果图要求不少于两张，要求必须包括客厅效果图，卧室、书房、餐厅效果图三项自选其一。

(3) 自选比例，完成效果图所选空间的主要装饰立面的立面图，标注主要材质类别。

(4) 完成文字设计说明，设计说明中重点介绍集成材质的相关特点。

图面要求:

(1) 所有内容在两张 A2 纸张上排版完成，自行设计安排版式，要求版面条理清楚、布置均衡。

(2) 设计标题，内容统一为"快题设计"四字，不可出现其

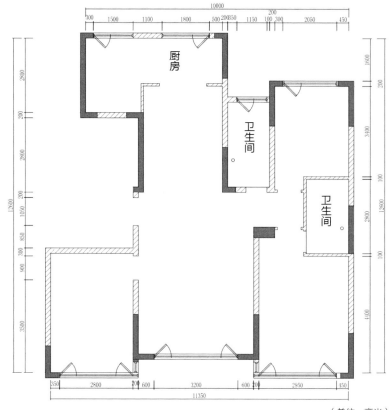

图 7-1-1　原始平面图　　　　　　　　　　　(单位: 毫米)

他文字信息。

(3) 所有图纸在下方标注图纸名称，平、立面图标注比例。

7.1.1　题目分析

本命题为居住空间类题目，居住空间类别近年来在高等院校研究生考试中比重较以往有所减少。具体到本命题分析，应注意两个关键点，即"样板间"及"集成板材"。

样板间通常指住宅类项目中建筑开发商用于向客户展示的单元住宅装饰装修样本，宏观分类属于住宅设计范畴。与"住"有关的空间类别中，从宾馆酒店房间，到公寓房间，再到普通住宅空间，功能集成方面逐渐丰富，普遍适应性逐渐递减，强调个体对功能和

审美的需求独特性在依次增强。

相对而言，普通住宅空间的设计中更强调业主本身对使用功能和装饰风格的个别需求，功能集成方面相较酒店和公寓也更为丰富。但样板间的主要作用是展示，所以在功能上一般只满足较常规的家居需求，通常较为简化，主要着眼点在装修风格上。

不同的营造方，对样板间设计的内容也各有侧重：如地产商的样板间注重通过营造整体空间的风格与文化品位，来彰显商品房的品质层次；材料商的样板间更重视对特定装饰材料的应用展示与推介。本题目的设置，更接近于对后者的模拟，除考查居住设计的一般知识与基础设计能力之外，又加入了对特定类别装饰材料的特点及相关施工工艺的知识检验，在居室类快题设计题目中，属具备一定难度的案例。

题目中所规定的集成墙板，是目前家装市场最流行的装饰建材类别之一，最常见的是木质类纤维人工合成板材，具有低污染、物理性质稳定、耐潮防火性质较好、易打理、施工要求低、施工周期短及良好的经济性等诸多优点，此类材质表面纹样多模仿木质、石质等天然材质表面，早年与被仿材质在感官差距上有较明显的不足，近年来随着材质的升级换代，此短板已获得大幅度改善。集成板材的不足之处在于边缘切割难以精细处理，一般通过板材配套的各种收口条及装饰线条遮挡，设计表现中应注意对这一特点有所体现。

综合审视完整的题目要求，可以发现本命题是一个偏重检验设计基础知识能力及材料工艺相关知识的命题案例。由于样板房具有展示房型的需求，故通常不对墙体进行明显改造，装饰风格题目同样有所规定，在空间构建和设计概念方面，并未给应试者提供很大的发挥空间与余地。

所以本命题的应试思路应以准确、合理、规范为主。

7.1.2　设计初期

快题设计的第一步，是对题目的认真审视和分析，确定设计的方向和内容侧重点，根据经验衡量应试图量内容所需大概时间，做

好时间的规划和安排。

以本题目为例，内容要求画出总平面图和两个空间的主要装饰立面及效果图，并未要求绘制顶棚天花图，图量不大，以六个小时的时限来说，应试时间比较宽裕，这就要求效果图环节尽量具体深入。

根据对户型的初步分析，按照样板间的相关布局习惯，可以说大的功能空间设置上变化余地不大，宜采用类似户型的一般布局（图7-1-2）：配有单独卫生间的房间为主卧室；两个卧室置于南向（家装类平面图如无具体方向标注，一般默认图纸方向为上北下南）；北向较小房间为书房。此布局唯一可以商榷的是次卧室和书房位置，如有功能具体侧重要求，可以位置对调。

红线标识部分为选择表达的主要装饰立面。

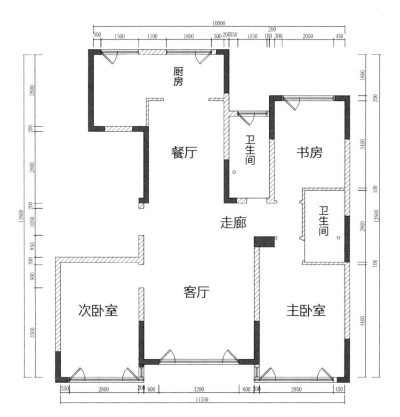

图 7-1-2　功能布局

根据规划中的图纸量，应前期在卷面上进行大概排版布局。如本题目选取平面图比例1:100，立面图比例1:30，可据此大概算出平、立面图在卷面上所占位置大小，平衡布置为宜（图7-1-3）。

设计说明性文字处理较灵活，在图面上可按照内容逻辑关系分段布置，填补平面图与效果图排列后的空缺，文字的多少方面也可充分发挥主观能动性，根据需求增减，但以充分清晰表达内容为准。

A2 图纸规格为 420 毫米 ×594 毫米，是快题设计考试常见的用纸规格，如无特别规定，方便制图操作起见，一般采取横向排版方式。

7.1.3　平面设计阶段

平面设计阶段是方案设计的前期重要环节，考验应试者大的空间功能划分能力及空间关系处理水平。快题设计中，通常平面图阶段需要在草图上经过较充分的推敲过程，具体到本命题，由于空间布局设计发挥的余地不大，可不借助草纸，采取试卷上直接按比例放图，以铅笔稍作推敲后定稿即可。

平面环节考查尺度感和人体工学相关知识，有赖于相关课程的牢固基础，制图过程中应严谨准确（图7-1-4）。

卷面1

卷面2

图 7-1-3　排版规划

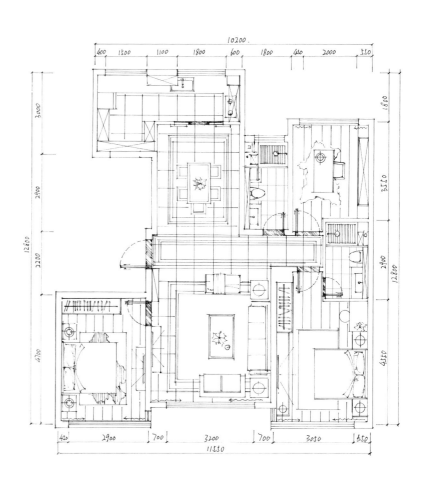

总平面图（按实际标注比例）

图 7-1-4　总平面图

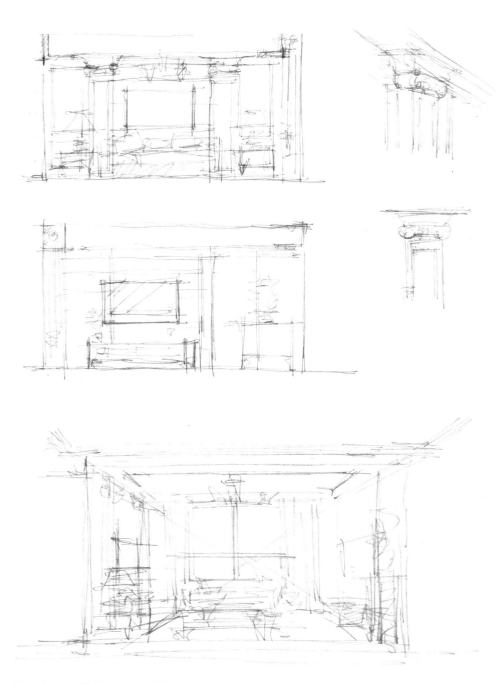

图 7-1-5　快题应试中的方案草图

7.1.4　空房草图与立面图

从空间设计思维逻辑来说，平面图阶段主要是大的空间功能布局的划分，但具体到快题设计，由于时间有限，设计思维上往往在较早阶段就呈现平、立面及三维场景状态在脑海中一起涌现的情况。在平面关系基本确定以后，立面图和效果图从意识角度而言应属同步产生，应试过程中应将设计思维最先付诸于设计草图，此环节对于快题乃至对于一般空间设计，都必不可少。

草图除平、立面方案推演外，还应体现透视效果图概况，以及主要装饰元素运用等，概念性较强的命题中，设计概念的推导也应先通过草图构建（图 7-1-5）。

经过草图阶段方案定型后，通常进行立面图的绘制。

立面图环节除方案设计外，主要考验应试者制图规范，应选择合适比例，严格遵照比例完成，尺寸及材质标准方面，需严格遵循题目要求。

如命题无具体要求，平、立面图可根据实际情况，自主选择是否着色。

本题目采用不着色示例（图 7-1-6、图 7-1-7），实际试卷制图中应在图文字名称后注明所选用比例。

7.1.5 效果图

单从视觉感受方面来看，效果图是整个快题设计卷面中最重要的部分，其水平和效果直接影响阅卷人对卷面的第一印象。

效果图深入程度，在实际快题应试中弹性较大，可以较为精细具体，也可以较为概括写意、体现速度感，通常综合考量考试时间与整体图量而定，考试中的效果图表现通常建议放在考试最后阶段进行，原因有几点：

首先，从脑力与体力的分配来看，由于快题应试时间较长，一般为数小时，应将精力状态更好的前半段用于平、立面图等更需要精力集中避免错误的部分，相比而言效果图更依赖手绘技巧等长期积累的能力，对精力集中程度的要求相对较低，即使进入考试后期的脑力疲劳期，也不至于明显影响发挥。

其次，从应试心理状态的调整来看，效果图先于平、立面图进行，容易心理上产生额外负担，担心效果图耗时过长无法完成其他内容，对于心理素

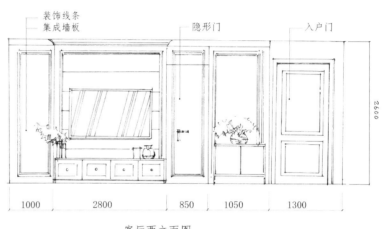

客厅西立面图

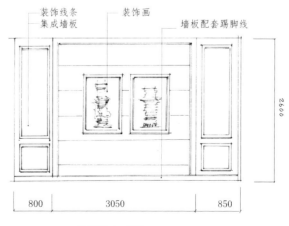

餐厅西立面图

图 7-1-6 主装饰墙面立面图 1

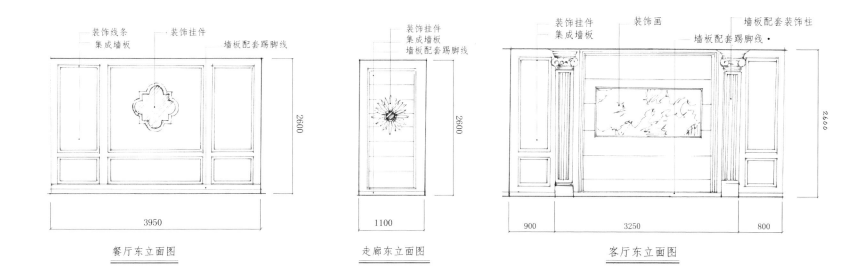

装饰线条　　装饰挂件
集成墙板　　　　　墙板配套踢脚线

2600

3950

餐厅东立面图

装饰挂件
集成墙板
墙板配套踢脚线

2600

1100

走廊东立面图

装饰挂件　　　装饰画　　　　墙板配套装饰柱
集成墙板　　　　　　　　墙板配套踢脚线

2600

900　　　3250　　　800

客厅东立面图

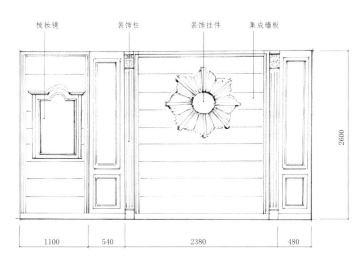

梳妆镜　　　装饰柱　　　装饰挂件　　集成墙板

2600

1100　540　　　2380　　　480

卧室东立面图

壁纸　　　固定式书柜

2600

550　　　2740　　　260

书房东立面图

图 7-1-7　主装饰墙面立面图 2

质不过硬的应试者产生消极心理暗示，从而影响整体发挥。

再次，最后处理效果图，可有效利用效果图深入程度的弹性，如考场后期时间紧张，可将效果图做更加速度化的处理，只要方案表达清晰准确，通常不会对整体产生很大影响。

从本命题来看，图纸内容要求不多，时间较充裕，应尽量将效果图深入和具体化处理，尤其一些平、立面图中没有要求的环节，如顶棚天花板，方案思路应在效果图上表达基本状况。

命题要求除客厅空间必选外，餐厅、主卧室、书房三选其一。现将四个空间根据表现需要按照不同视角类型分别表达示意。

图 7-1-8　客厅线稿铅笔辅助线

（1）客厅、餐厅效果图

客厅、餐厅为居住类空间的核心设计部分，尤其是当代住宅户型最常规的客厅餐厅连通式布局，两部分空间对外程度很高，体现整个方案的风格取向。

从更全面完整展示设计方案的角度考虑，本题目客厅表现采取一点透视的表现视角。应试表现采取一般效果图步骤，先确立视平线，以铅笔轻画起线稿，线稿环节不追求具体细节面面俱到，只确定大的体量及透视关系即可（图 7-1-8 ~ 图 7-1-13）。

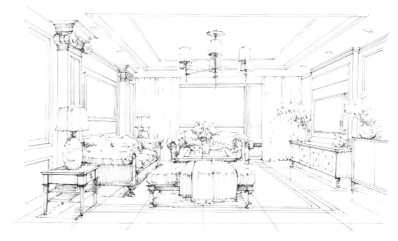

图 7-1-9　客厅线稿完成

本命题时间比较充裕，效果图处理相对较为具体严谨（图 7-1-10、图 7-1-13），材质的质感、光效等方面都有意识进行了体现，着色工具基本为马克笔，极个别细节使用了彩铅及高光笔。当然马克笔表现可以更加深入与细致，但考虑到快题的时间要求，长时间深入型技法暂不做重点研究。

（2）卧室效果图

卧室表现是居住空间表现的常见部分，视角选择上一点透视及两点透视都很常见，本题目选用表现感觉更生动自然的两点透视视角。

相比一点透视，两点透视效果图的起稿阶段难度略高，主要体现在透视程度的合理把握需要一定的表现绘图经验，在应

图 7-1-10 客厅效果图

图 7-1-11　餐厅线稿铅笔辅助线

图 7-1-12　餐厅线稿完成

图 7-1-13　餐厅效果图

图 7-1-14 卧室草图

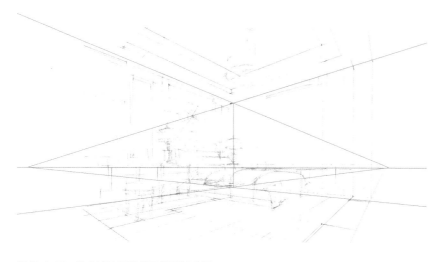

图 7-1-15 卧室线稿辅助线及透视线分析

试时间充足的条件下，可在较小的纸上将草图酌情画得更加具体，更清晰明确地表达透视关系与空间概况，对正式线稿形成有效参考（图 7-1-14）。

正式线稿中，构建两点透视构图，应首先根据所选择视角确定好视平线位置，卧室平面图投影形状通常为长宽比较小的长方形，而卧室门通常位于靠近一角位置，故一般选取近似房间对角线方向的视角，会显得即视感更真实。

两点透视中的两个灭点如因纸张大小原因无法画入试卷内，可不必强求，把握好主要结构线与视平线的径向关系控制整体透视即可，不宜因追求图面内确定灭点牺牲最佳构图尺寸关系（图 7-1-15、图 7-1-16）。

卧室表现图选取自然光的光效表达。因设计方案偏素雅庄重的欧式感觉，本身颜色丰富程度不高，表现过程中可适当强调环境色影响和光照产生的冷暖变化，注意不要太过影响固有色关系对比即可（图 7-1-17）。

（3）书房效果图

书房空间相对狭小，采取一点斜透视视角表达，同时加入分析视角，将画面近端卫生间位置的墙面做消隐处理，只在地面表达墙体分界线。较小的空间采取了一定的广角透视夸张，增强表达效果，运用中注意控制合理的夸张程度（图 7-1-18、图 7-1-19）。

图 7-1-16 卧室线稿

图 7-1-17 卧室效果图

图 7-1-18　书房线稿

图 7-1-19　书房效果图

7.1.6 标题与排版

快题试卷标题分规定标题与自主标题，目前主流高等院校从考试公平角度考虑，多采取规定标题，如"快题设计""×××空间设计"等。

标题为美术字形式，在卷面上占有一定图面比重，需要进行自主设计。

但空间设计类专业的快题设计考试，考查方通常不会在字体设计这类视觉传达平面设计范畴的内容要求过高，做到版面的协调即可。极少数院校会在字体设计方面有所要求，属于个例，不具有普遍性，如报考这类院校可自行补修平面字体设计的相关内容。

一般快题应试，只事先准备好几种美术字体，考前稍作练习适应横竖排列方式，应对不同题目即可。所选用美术字体风格，应与快题方案风格尽量做到一致（图7-1-20）。

如图7-1-21、图7-1-22所示，卷面1、卷面2为两张A2试卷最终排版效果。快题设计考察的是方案设计与表达，卷面的排版设计无需出新求异，做到稳定、均衡、合理，有一定穿插层次感，避免过于呆板即可。

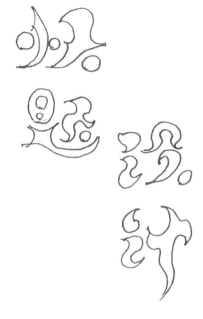

图 7-1-20 标题字体

快题設計

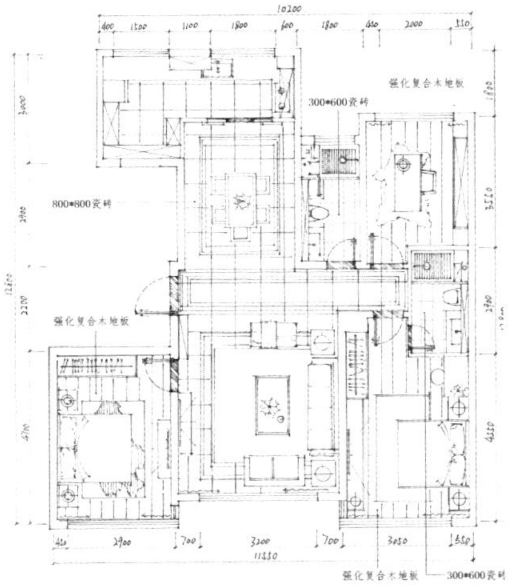

强化复合木地板
300*600瓷砖
800*800瓷砖

总平面图 1:100

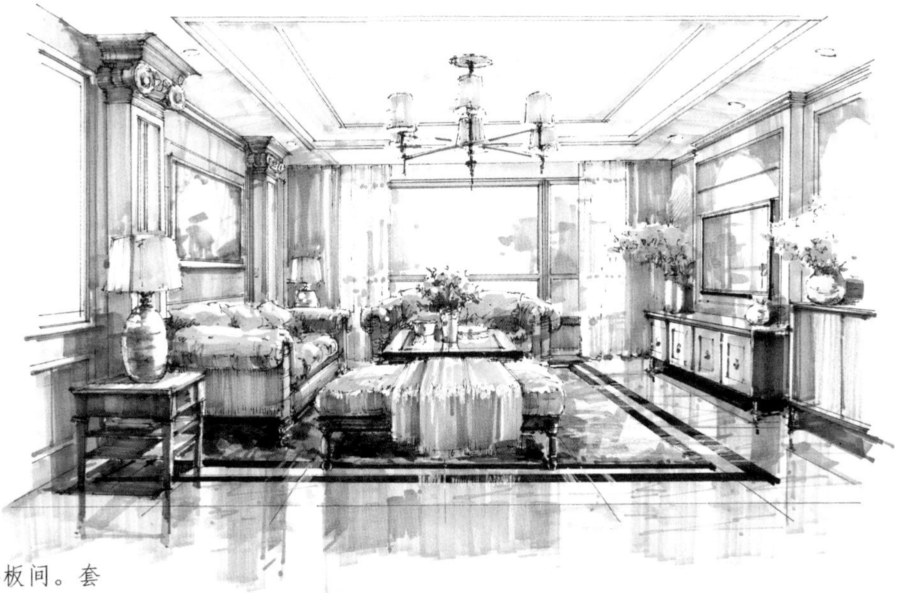

设计说明：本方案为集成墙板应用展示类家居样板间。套内面积约140平方米，设主次卧室与书房空间，装饰风格选取偏欧式，营造庄重素雅的空间格调。

客厅效果图

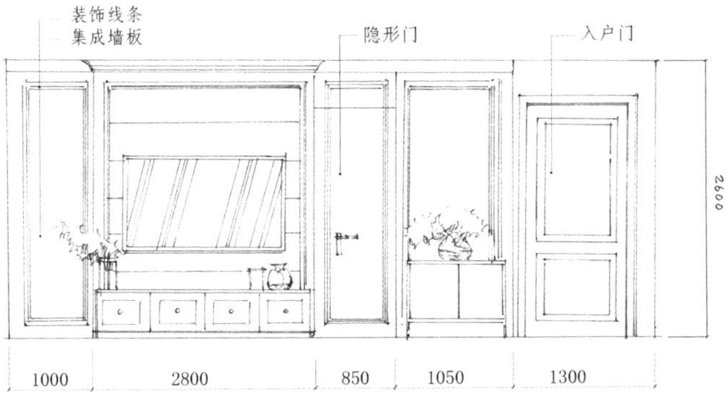

装饰线条
集成墙板
隐形门
入户门
2600
1000
2800
850
1050
1300

客厅西立面图 1:30

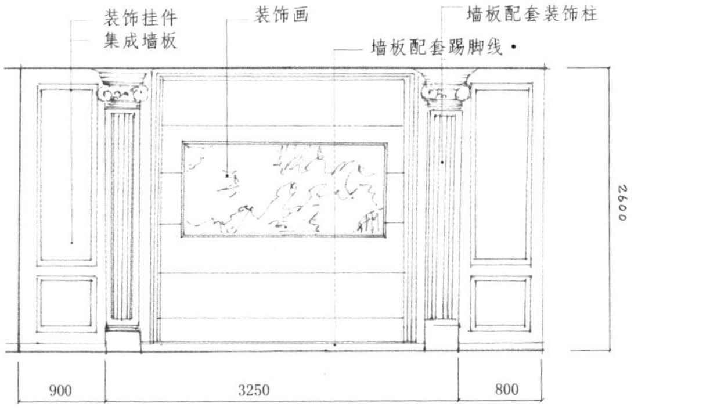

装饰挂件
集成墙板
装饰画
墙板配套装饰柱
墙板配套踢脚线
2600
900
3250
800

客厅东立面图 1:30

图 7-1-21 卷面1

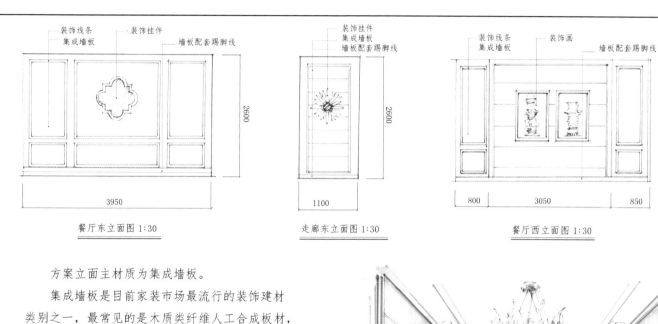

装饰线条 ── 装饰挂件
集成墙板 ── 墙板配套踢脚线

餐厅东立面图 1:30

2600

3950

装饰挂件
集成墙板
墙板配套踢脚线

走廊东立面图 1:30

2600

1100

装饰线条 ── 装饰画
集成墙板 ── 墙板配套踢脚线

餐厅西立面图 1:30

2600

800   3050   850

　　方案立面主材质为集成墙板。

　　集成墙板是目前家装市场最流行的装饰建材类别之一，最常见的是木质类纤维人工合成板材，具有低污染、物理性质稳定、耐潮防火性质较好、易打理、施工要求低、施工周期短及良好的经济性等诸多优点。

　　集成墙板表面纹样多模仿木质、石质等天然材质表面，近年来随着材质的升级换代，质感方面已经获得大幅提升。

　　集成板材边缘切割难以精细处理，一般通过板材配套的各种收口条及装饰线条遮挡，设计对各种收口线及装饰线条的灵活运用，加强了整体空间装饰效果。

餐厅效果图

图 7-1-22　卷面 2

7.2 实题解析 2 (商业类空间)

题目:主题咖啡厅室内设计

时间:6 小时

坐落地点及条件:某市中心区,建筑为一层,庭院内独栋建筑。

设计要求:

(1)自定咖啡厅概念主题。

(2)室内不考虑卫生间。

(3)室内应设有一定面积的工作间(只在图纸中标注位置)。

图纸内容要求:

(1)图面包括平面图、分析图、主要立面图、透视图、设计说明等,图量自定。

(2)室内净高 3 米,门窗高自定。

(3)图面比例自定,设计、表现手法不限。

图面要求:

(1)所有内容在两张 A2 纸张上排版完成,自行设计安排版式,要求版面条理清楚、布置均衡。

(2)标题统一为"咖啡厅快题设计",字体及大小自定。

(3)所有图纸在下方标注图纸名称,平、立面图标注比例。

场地条件如图 7-2-1:

7.2.1 题目分析

本命题取自近年著名国内高校考研真题。命题具体要求为主题咖啡厅空间设计,概念主题未做详细限定,可由应试人自由发挥。

通过对原始场地条件图的分析,可归纳出以下几点:

(1)房型较方正,适应性较好,空间处理难度不大。

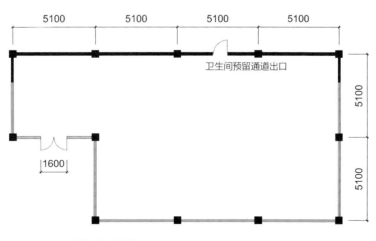

图 7-2-1 原始场地条件图

（2）作为咖啡厅空间，场地面积属基本适中。现有出口难以满足正常商业活动及消防疏散需要，应考虑增加。

（3）室内原始顶高为3米，作为商业空间高度偏低不甚理想，可考虑通过设计手法改善相关体验。

（4）场地位于庭院室内，南向以玻璃墙为主（图纸如无方向标示一般默认为上北下南方向），应更多考虑自然光影响，同时应考虑玻璃墙内外的视觉联系因素。

7.2.2　设计初期

在认真审查，保证全面清楚理解命题要求的基础上，先确定设计概念。命题中对概念未做限制，可以个人的兴趣或擅长确定，同时充分考虑所选概念在空间中的体现方式与表达难度。

本示例设计概念名为"西部时光"，主题取自著名影视作品《西部世界》，以原影视作品logo为基础，变化为西部时光咖啡厅logo，并以logo的造型动态作为空间处理的主要概念形式（图7-2-2）。

应试中如考试规则允许，方案空间平面功能

划分阶段，可以铅笔直接在试卷原图上进行平面草图推导（图7-2-3）。由于试卷原题的建筑平面图通常只给出数据未按照严格比例出图，故借助试卷原图的平面草图对应试人的平面尺度把握能力有一定要求。

草图部分涵盖平、立面，以及空间透视效果的推导（图7-2-4）。正式试卷纸上落笔之前，应以草图方式对方案做到基本确定，此步骤必不可少，正稿阶段如仍在较大幅度调整方案，不但易导致时间不足，也会大大降低方案的把握性。

7.2.3　正稿阶段

按照草图确定的设计方案，完成相关平、立面图纸（图7-2-5～图7-2-9），平面布局中，考虑大面积玻璃墙面可直视室内，在区域中心设置玻璃隔断，增加空间层次。顶棚天花使用较大面积的镜面吊顶，通过反射增加径向视觉效果的方式，改善房间高度低带来的压抑感。

平、立面图在应试中通常不会被要求必须着色，可自行选择。图纸着色可增加视觉生动性，也便于区分区域与材质等。注意着色过程中尽量

概念原始logo　　　　咖啡厅主题logo　　　　空间结构基本概念形式

图7-2-2　主题概念推导

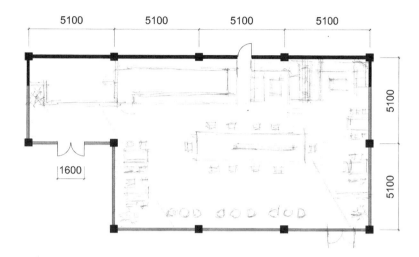

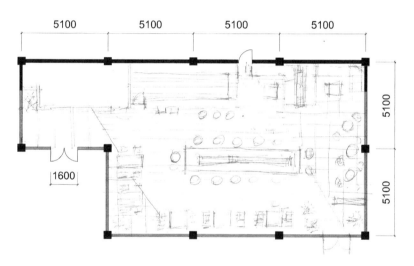

图 7-2-3　试卷原图上平面草图推导

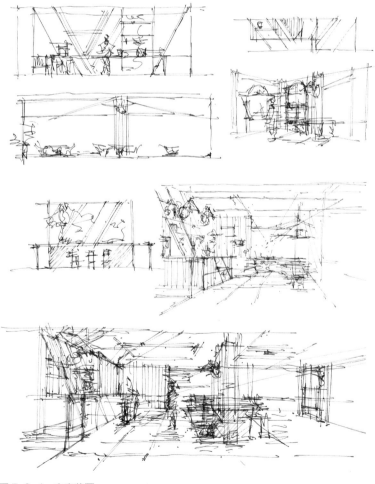

图 7-2-4　方案草图

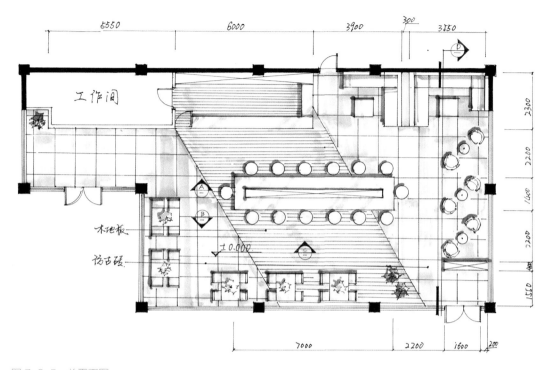

图 7-2-5　总平面图

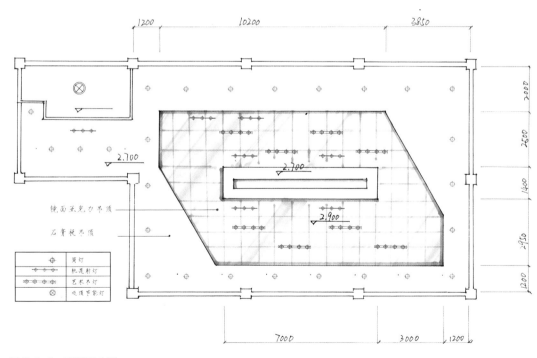

图 7-2-6　顶棚天花图

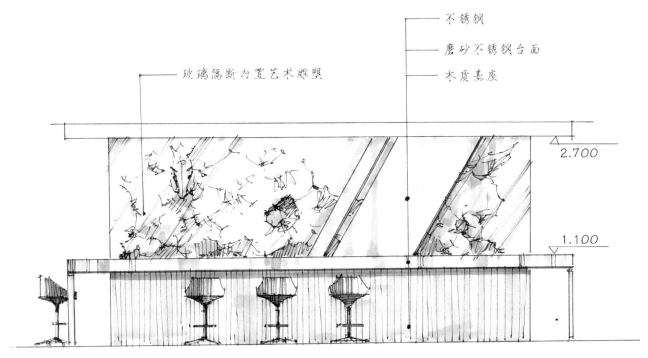

不锈钢
磨砂不锈钢台面
木质基座

玻璃隔断内置艺术雕塑

2.700

1.100

图 7-2-7 C立面图

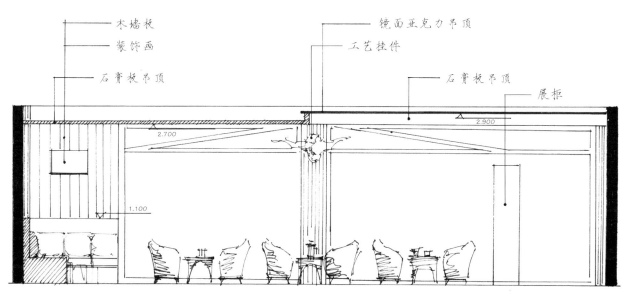

木墙板
装饰画
石膏板吊顶

镜面亚克力吊顶
工艺挂件
石膏板吊顶
展柜

2.900

2.700

1.100

图 7-2-8 D剖面图

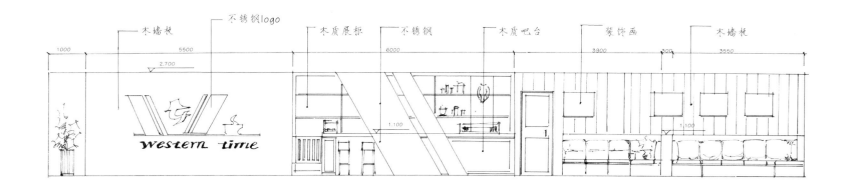

本墙板　　不锈钢logo　　木质展柜　　不锈钢　　木质吧台　　装饰画　　本墙板

1000　　5500　　6000　　3900　　300　　3550

2.700

1.100

1.100

western time

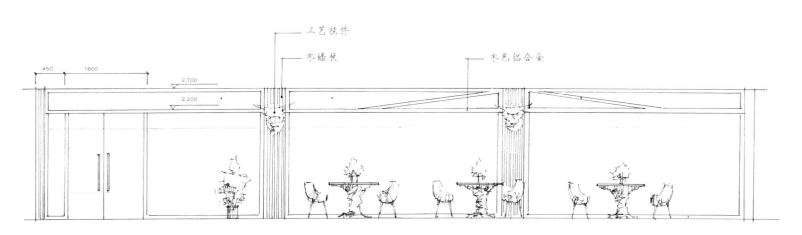

工艺挂件

本墙板　　　　木色铝合金

450　　1600

2.700
2.200

图7-2-9　A / B立面图

选取偏浅的颜色，避免因为色深影响读取数据或模糊关键结构线。

平、立面图的绘制，要求符合制图规范，考试中一般要求按比例绘图，如无比例要求，又面临图量大、时间紧，手绘能力允许也可考虑以快速笔法徒手绘制，但无论是否要求按比例，单张图中的数据比例不可偏差过大。平、立面图的重点在于规范和清楚表达设计信息，如考场时间紧张，可部分图纸着色，其他图纸保持黑白线稿图，排版中注意不同图面的视觉和谐。

效果图阶段建议放在考试时间的最后，本示例以6小时总时

间为例，其中用于效果图表现的时间大约100分钟，基本符合正常时间分配比例。现以时间轴示意各步骤所在时间节点：

以铅笔辅助线确立大的空间框架和主要结构，用时20分钟左右（图7-2-10）。

对铅笔辅助线系统进行细化，稳妥起见，应试中的铅笔稿可以较为深入，可有效保障之后墨线稿的速度与质量。铅笔稿确定后，墨线按对象在空间中从前往后的遮挡顺序绘制（图7-2-11）。

由于表现图线稿部分耗时多于着色，故此步骤用时约60分钟

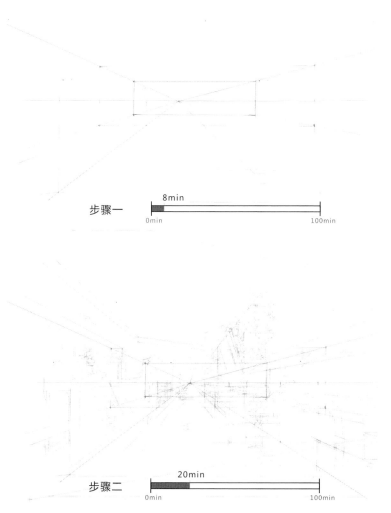

图 7-2-10　效果图步骤一、步骤二

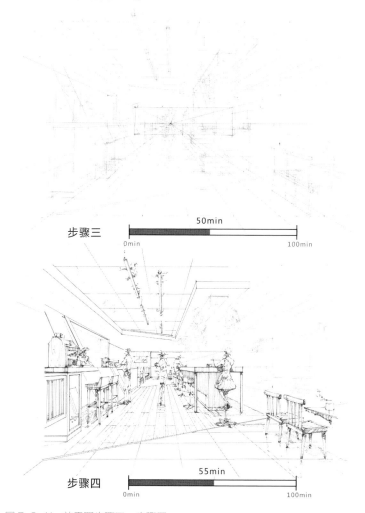

图 7-2-11　效果图步骤三、步骤四

完成线稿（图 7-2-12）。

效果图着色前应于正式卷面外的纸张上先试验色彩搭配，通常选用方案前期的透视图草稿。在试验确定效果、较有把握的情况下，可采取从中心重点区域向四周推进的步骤（图 7-2-13）。

方案中存在大面积镜面吊顶，表现环节应注意映射，中间重点区域详细刻画，远景虚化处理（图 7-2-14）。

排版工作应于正稿阶段的其他部分之前完成。通过草图中确定的方案，计算图量及各自按

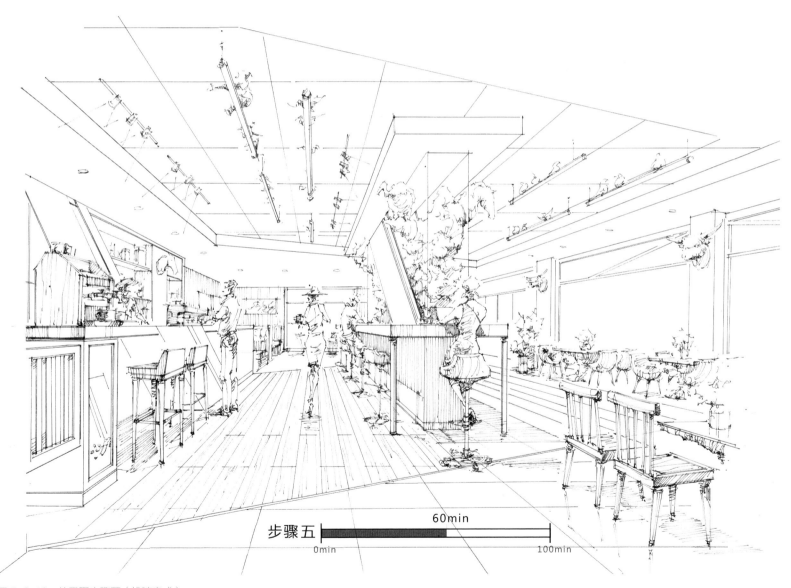

步骤五

0min 60min 100min

图 7-2-12 效果图步骤五（线稿完成）

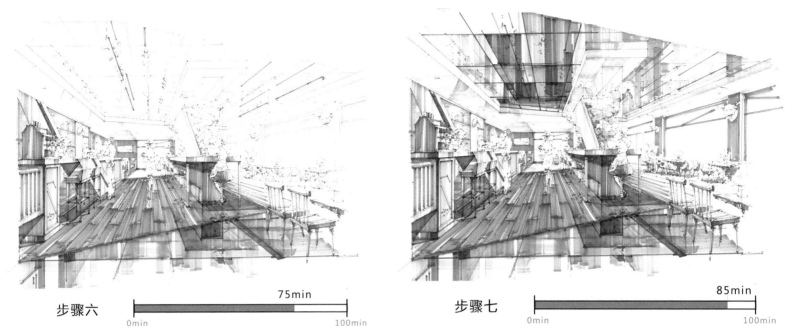

步骤六　　75min
0min　　　　　　　　　　100min

步骤七　　85min
0min　　　　　　　　　　100min

图 7-2-13　效果图步骤六、步骤七

完成图
0min　　　　　　　　　　100min

图 7-2-14　效果图完成

比例所占图纸中面积，合理规划出预留区域。

图纸排版通常为非重点考察内容，但也应该做到均衡，与视觉效果协调（图 7-2-15、图 7-2-16）。

本示例采用平、立面图的彩图与黑白图混合形式。

以图量和深入程度而言，基本符合较熟练者 6 小时的正常完成量。

如方案设计较为复杂，或时间短（如 4 小时以内），对图纸内容可以选择性地精简，如立面图只选取最主要立面，以能表达清楚方案概况为基本要求。

表现方面可更加草图化（如具备较高手绘能力），也可以选用较为简洁快速的手法。下附上同类方案的 4 小时左右学生习作一例（图 7-2-17），供参考。

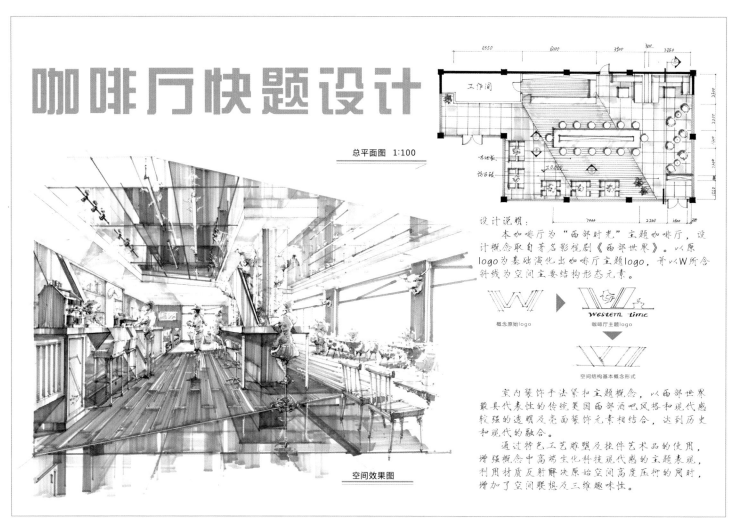

图 7-2-15 排版 1

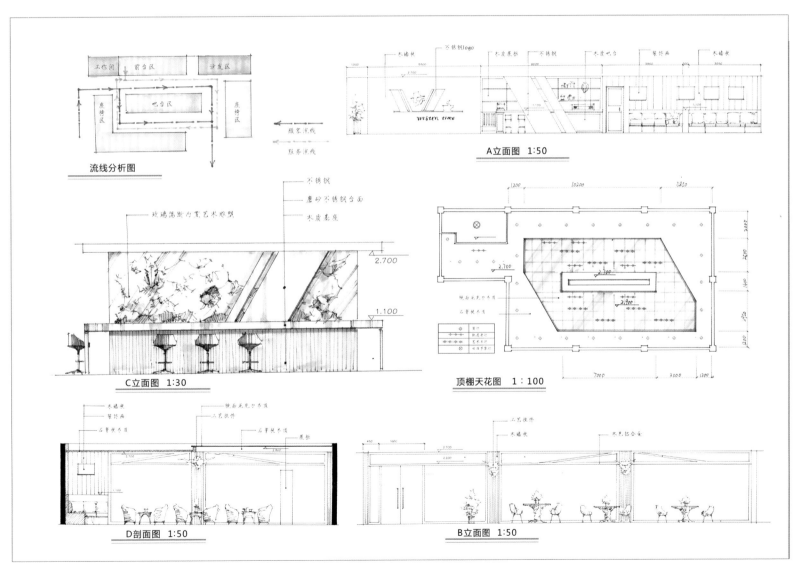

流线分析图

A立面图 1:50

C立面图 1:30

顶棚天花图 1:100

D剖面图 1:50

B立面图 1:50

图 7-2-16 排版 2

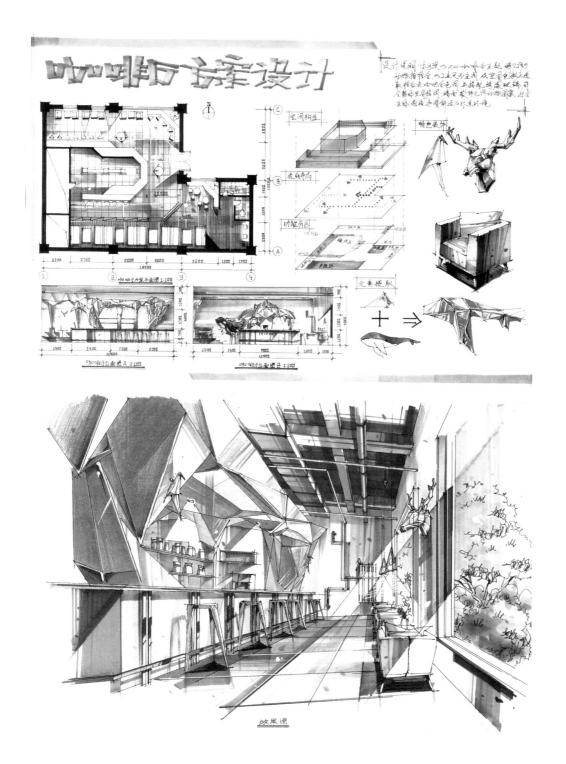

作者：谭素雅　指导老师：张啸风

图 7-2-17　学生习作示例

后记

本书的研究内容主要针对快题中的表现，围绕表现的方方面面展开：方式、工具、技法……

对于快题中体现的其他方面，诸如空间设计的原则与思路、制图规范等，并未详细展开。一方面受限于篇幅，更重要的是保持研究的专一和深度。事实上，并没有哪一本书可以详细囊括快题有关的一切知识，因为快题是一种考验，被考查的范畴是整个空间设计知识体系。

快题中的表现只是一个方面，孤立训练无法成为其他设计能力缺失的遮羞布；然而快题中的表现又在体系中重要的如此显著。

单就表现方面而言，快题表现的评价标准也并不完全等同于一般设计表现，更与艺术绘画的评判标准有显著区别，这是一个容易造成困扰的认识点区间。单纯的图面视觉效果并不足够，在时间限制之下，表现图并非越"炫"越好，亦非越工整、详尽、复杂越好。快题表现的对象是方案，应以准为先，越准越好——准确的空间、准确的结构、准确的尺度感——以此将良好的设计综合能力准确地体现出来，其他的一切都应建立在准确的基础上。

在书的结末，回头审视，由于时间的仓促、个人水平能力的有限，一些未尽之处的些许遗憾，在所难免。但总体而言，已属笔者用心之作，等待业内专家的批评指正，也期待和更多的朋友进行交流。

尤其是参加设计专业研究生考试的年轻朋友们，希望本书能给予你们切实的帮助，这将是笔者最大的心理满足。

祝你们好运！

张啸风

1981 年 2 月生于山东济南

中国建筑学会会员

2007 年硕士毕业于西安美术学院建筑环艺系

现任教于山东建筑大学艺术学院环艺专业

长年专注于设计表现类课程研究，于专业刊物发表设计表现类研究

论文多篇，辅导学生获国家级专业竞赛高级别奖项多项

近年个人相关主要奖项：

2019 年第十六届中国手绘艺术设计大赛专业组二等奖

2018 年第十五届中国手绘艺术设计大赛最佳导师奖

2017 年第十四届中国手绘艺术设计大赛导师奖

2016 年第十三届中国手绘艺术设计大赛专业组二等奖